服装实用技术·基础入门

实用服装裁剪与缝制轻松入门

——工艺篇

文家芹　王丽霞　王瑞芹　编著

中国纺织出版社有限公司

内 容 提 要

本书是服装裁剪与缝制技术的基础入门教材。内容包括：服装制作工艺基础，女衬衫缝制工艺，男衬衫缝制工艺，裙子缝制工艺，男裤缝制工艺。书中选择典型、常用、基本的服装款式，从服装的基础、常规工艺出发，将缝制工艺过程拆分为局部与整体，并从款式图、款式说明、裁剪、缝制工艺分析以及工艺流程、缝制工艺操作过程、质量检验方法等方面进行阐述。

本书内容翔实，图文并茂，易学易懂，是中高职服装专业师生、服装企业样衣工艺师和工艺技术员的实用教材，也可作为服装初学者和爱好者的参考用书。

图书在版编目（CIP）数据

实用服装裁剪与缝制轻松入门.工艺篇 / 文家芹，王丽霞，王瑞芹编著. -- 北京：中国纺织出版社有限公司，2021.5

（服装实用技术.基础入门）

ISBN 978-7-5180-7569-0

Ⅰ.①实… Ⅱ.①文…②王…③王… Ⅲ.①服装量裁②服装缝制 Ⅳ.①TS941.63

中国版本图书馆 CIP 数据核字（2020）第 115392 号

策划编辑：宗 静　责任编辑：宗 静 李淑敏　特约编辑：朱静波
责任校对：江思飞　责任印制：何 建

中国纺织出版社有限公司出版发行
地址：北京市朝阳区百子湾东里 A407 号楼　邮政编码：100124
销售电话：010—67004422　传真：010—87155801
http://www.c-textilep.com
中国纺织出版社天猫旗舰店
官方微博 http://weibo.com/2119887771
三河市宏盛印务有限公司印刷　各地新华书店经销
2021 年 5 月第 1 版第 1 次印刷
开本：787×1092　1/16　印张：15.75
字数：221 千字　定价：58.00 元

前言

伴随着现代科技进步与服装新材料的开发，与之同步的各种服装缝制技术也在不断地更新。我们团队在编撰此书之时有点忐忑，因为服装制作工艺所涵盖的内容实在广博，写到什么程度才适合是个问题。作为"实用服装裁剪与缝制轻松入门"的实用性图书，是本着从职业服装院校教学需求、服装生产企业实际需求及服装爱好者需求而编撰的。

本书对应职业服装院校专业师生读者的需要。既然是作为教材使用，对学生就自然有学制和学时的限制，集中一些要点，舍弃一些繁杂，提供典型服装品类的常规工艺，着重体现服装制作工艺的基础。适时、适量、适质、适用，是本书在规划内容与形式时优先考虑的。

本书对应服装生产企业的技术骨干的需要。以实际生产程序为依据安排内容顺序，熟悉了这些步骤并结合内容提示，在从事具体工艺技术工作时，将有助于指导基层生产，并能提高制订各环节技术标准的能力。

本书对应服装裁剪与缝制业余爱好者的需要。书中内容从服装制作工艺基础（服装制作工具、基础缝制、局部缝制等）开始，到介绍典型服装品类，如男女衬衫、裙子、裤子的局部，以及其基本款式的裁剪与缝制工艺过程，尽可能地让业余爱好者能识图自学。

本书在编撰过程中得到了很多老师的支持和帮助，本书编写分工如下：第一章第一、二节由邢台职业技术学院文家芹老师编写；第一章第三节、第二章由邢台职业技术学院王瑞芹老师编写；第三章、第四章由邢台职业技术学院文家芹、岳海莹老师编写；第五章由邢台职业技术学院的王丽霞、张志斌老师编写。本书由文家芹老师负责全书的统稿。在此，谨对给予本书编撰工作大力支持的中国纺织出版社有限公司编辑宗静女士、邢台职业技术学院服装系范树林主任表示衷心感谢。

由于编撰时间仓促、水平有限，书中难免会有不尽如人意之处，欢迎各位同行专家和广大读者批评指正。

文家芹

2020 年 2 月

目录

第一章　服装制作工艺基础

第一节　服装制作工具

在服装的裁剪和制作过程中，要使用许多工具。下面按照各种工具的用途分别进行介绍。

一、测量工具

测量工具是测量人体各部位的用具，在制作样板、裁剪时也使用。

1. 皮尺

皮尺，两面都标有数据，一般长度为150cm（4尺5寸），选用不受环境温差变化影响的玻璃纤维尼龙作原料表面涂胶层。皮尺作为测量，多用于测体，如图1-1所示。

2. 蛇形尺

蛇形尺，也是两面都标有数据，一般有30cm、40cm、50cm、60cm四种规格，由薄型聚酯材料制作，内置金属条，外置软橡胶，可在需要的部位弯曲，以准确量出形态的尺寸，用于量曲线、画曲线，如图1-2所示。

图1-1　皮尺

图1-2　蛇形尺

3. 比例缩尺

比例缩尺，用于测量领、袖、裆等弧线的尺寸，选用能自由弯曲的塑料制成，并刻有1/4、1/5的数据，如图1-3所示。

图1-3　比例缩尺

二、制图工具

制图工具主要是用于样板制作时量尺寸、画直线或曲线，另外还用于裁剪、缝制时。直尺是服装制图、制板的必备工具，一般采用不易变形的材料制作。

1. 方格定规尺

方格定规尺采用硬质的透明尼龙材料制成，主要用于画直线，特别是制作样板时加缝份画平行线，长度有30cm、40cm、50cm、60cm等规格，如图1-4所示。

图1-4　方格定规尺

2. 不锈钢直尺

不锈钢直尺采用不锈钢材料制成，主要用于画引线、剪切纸，长度有15cm、30cm、60cm、100cm等规格，如图1-5所示。

3. "L"形尺

"L"形尺是直角和曲线、直线兼用的尺，背面有1:2、1:3、1:4、1:12、1:24的缩小比例的数据，采用硬质透明尼龙材料制作，如图1-6所示。

图1-5　不锈钢直尺

图1-6　"L"形尺

4.弯形尺

弯形尺两侧边缘呈柔和的弧形状，用于画裙子或裤子的侧缝线、下裆的弧线等，如图1-7所示。

（a）

（b）

图1-7　弯形尺

5. "6"字形等弧线尺

弧线尺用于画领围、袖窿、裆等弧度较大的弧线，如图1-8所示。

（a） （b）

图1-8 弧线尺

6. 比例尺

用于课堂上做笔记用的比例尺，是有直角和弧线的三角形尺，有1:4、1:5的规格，透明质地的使用较为方便，非透明质地的背面有1:4、1:5比例标识，如图1-9所示。

7. 镇铁

用于作图和裁剪时压住纸样等，便于操作，如图1-10所示。

8. 量角器

在作图时用于量肩斜度、褶裥量、喇叭裙的展开量等角度的测量，如图1-11所示。

图1-9 比例尺

图1-10 镇铁

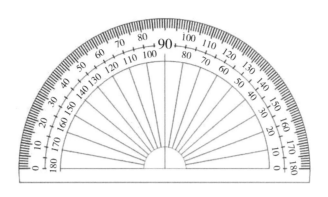

图1-11　量角器

9. 圆规

用于作图时画圆和弧线，也用于由交点作图求得相同尺寸，如图1-12所示。

10. 制图铅笔

铅笔芯规格有0.3mm、0.5mm、0.7mm、0.9mm。HB的铅笔用于画缩小图，可根据各种制图要求选用铅笔芯规格，如图1-13所示。

图1-12　圆规

图1-13　制图铅笔

11. 活动铅笔及卷笔芯刀

活动铅笔可以替换铅芯的粗细，卷笔芯刀也要具备，如图1-14所示。

12. 滚轮

复制纸样时常用它在样板纸或布面上作印记，滚轮分为无齿和有齿，有齿滚轮分尖齿和钝齿两种，按需要选用。在布面上做印记时最好在两层布之间加复写纸，如图1-15所示。

图1-14　活动铅笔及卷笔芯刀

（a）尖齿滚轮

（b）尖齿、钝齿、无齿三种滚轮

图1-15　滚轮

13. 作图用纸

作图用纸有牛皮纸、白纸、方格纸（B4、B3、B2、A3、A2）等，如图1-16所示。

（a）牛皮纸

（b）白纸

图1-16　作图用纸

14. 美工刀

美工刀在裁剪纸样时用，如图1-17所示。

图1-17　美工刀

15. 剪纸剪刀

剪纸剪刀用于剪切样板纸等，如图1-18所示。

图1-18　剪纸剪刀

16. 剪口器

剪口器在纸样上打对位记号时用，也用于在缝份上作记号，如图1-19所示。

17. 胶带

胶带用于纸样拼合，无伸缩性，粘在纸上很醒目，在胶带上可以画线，如图1-20所示。

图1-19　剪口器

图1-20　胶带

三、裁剪工具

1. 划粉

划粉为固体状粉块，经刀削薄后再使用，有白色的，也有彩色的，一般在裁剪前的布片上作裁剪标记，如图1-21所示。

2. 记号笔

记号笔多用水性渗透笔，用其画出的记号可用水洗去，也可随着时间的推移自然消失，一般在裁剪后的布片上做缝制标记，如图1-22所示。

3. 复写纸

双面或单面附有颜色的复写纸，将其插入布层间

图1-21　划粉

用滚轮做记号，一般用于假缝时在白布上作净样线记号，如图1-23所示。

图1-22　记号笔　　　　　　　　　　　图1-23　复写纸

4. 裁剪台

裁剪面料时用的工作台，也可用于作图，如图1-24所示。

图1-24　裁剪台

5. 裁剪剪刀

裁剪剪刀用于面料分割和裁片裁剪，长度为26cm的使用较为方便，如图1-25所示。

图1-25　裁剪剪刀

6. 花边剪刀

花边剪刀可将布边剪出花边效果，常用于毛毡、人造革、无纺布等不易脱纱的面料边缘的修饰，如图1-26所示。

图1-26 花边剪刀

四、缝纫工具

1. 顶针器

顶针器为手缝作业时套在中指上的环形用具，保护手指并利用凹槽顶住针柄防止滑脱，形式有桶状和环状。质地多为金属，可根据手指大小调节或选用，如图1-27所示。

（a）环状顶针器

（b）桶状顶针器

图1-27 顶针器

2. 锥子

锥子是顶部尖锐的金属工具，用于翻折领角、袋盖角、下摆衣角、缝纫时推布、拆线等，如图1-28所示。

3. 纱剪

纱剪为尖头小剪刀，用于断线和清理线头等，如图1-29所示。

图1-28 锥子

图1-29 纱剪

4. 镊子

镊子用于拔出记号线钉、为缝纫机穿线等，需闭合整齐无缝，具有弹性为上品，如图1-30所示。

图1-30 镊子

5. 拆线器

拆线器用于拆缝纫线迹，如图1-31所示。

图1-31 拆线器

6. 穿绳器

穿绳器用于穿入橡皮筋、绳带等，如图1-32所示。

图1-32 穿绳器

7. 缝纫机

缝纫机是制作服装的重要工具。其种类繁多，用途广泛，有家用型、职业用型及工业用型。

（1）家用缝纫机。家用缝纫机有机械型和电脑型之分。电脑型家用缝纫机有自动调节速度、针迹、花样等功能。转速为800~1000转/min，除了直线平缝外，可抽褶缝、花样缝等。目前，电脑缝纫机正在普及，如图1-33所示。

图1-33　家用缝纫机

（2）工业用缝纫机。工业用缝纫机可分成各种特殊用途的机种。转速在3000~10000/min的高速缝纫机，耐长时间运转，适合于大生产，对各种面料的适用性较强，如图1-34所示。

（3）锁缝机。锁缝机是为防止裁片边缘脱纱，用环形线套将裁片边缘包缝起来的机种。锁缝的边缘宽度、针迹密度可以按照需要进行调节，如图1-35所示。

图1-34　工业用缝纫机

图1-35　锁缝机

（4）梭芯和梭壳。梭芯是卷取和存放底线使用。梭壳是与梭芯配套共同形成缝纫机的下线装置，分为家用型和工业用型两种，如图1-36所示。

（5）特殊缝纫机。在服装厂根据产品生产需要配备多针机、开袋口机、锁眼机、钉扣机、打结机等具有专门用途的缝纫机种。

图1-36　梭芯和梭壳

8. 线

线主要分为手工用线、缝纫机用线和锁缝机用线三类。机用线型号繁多且分类细。线的选择应与面料相匹配。

（1）手工用线。即攥缝线，一般在面料上作线丁记号、假缝、缭缝、绷缝、攥缝等临时固定时多采用稍粗的棉线，也称本色线。如遇真丝等薄型面料，则应选用涤纶手工用线、真丝手工用线，如图1-37所示。

（a）手工用本色棉线　　　　　　（b）手工用线

图1-37　手工用线

（2）缝纫机用线。

①棉线：棉质的缝纫机线，粗细有各种类型，一般号码数小的表示线较粗，如图1-38所示。

②真丝缝纫机线：是缝制羊毛质地的服装时采用的。

③涤纶线：100%涤纶线，也有用合成交织线、混纺线等。此种线耐摩擦、牢固，有

（a）粗棉质的缝纫机线

（b）细棉质的缝纫机线

图1-38　棉线

精纺细纱线和有光泽的长丝线，如图1-39所示。

（a）有光泽的长丝线

（b）精纺细纱涤纶线

图1-39　涤纶线

④钉纽扣线：钉纽扣线是专用的牢固型线，常用涤纶线，男式服装用麻线，如图1-40所示。

⑤锁扣眼线：常用于毛料服装中钉扣、做线襻、锁扣眼，多为三股线，粗且牢固。

⑥丝缉线：为了使暗缝的机线醒目时采用，也可用于锁扣眼，如图1-41所示。

图1-40　钉纽扣线

图1-41　丝缉线

（3）锁缝机线。在锁缝机上使用的是专用线，有100%涤纶线、100%尼龙线等。尼龙线常用于针织等伸缩性强的面料的锁缝，如图1-42所示。

图1-42 锁缝机线

9. 针

（1）缝纫机针。缝纫机针种类很多，要根据面料质地来选择。家用与职业用缝纫机针的区别在于针杆部位，家用缝纫机针杆有一侧是平面，职业用缝纫机针杆为圆杆，如图1-43所示。

（2）手缝针。手缝针有短针和长针，根据用途和面料选用。号码数大的针较细，号码小的针较粗，如图1-44所示。

（3）大头针。大头针分为带有圆头的珠针和不带圆头的缝纫用大头针两种。可用于临时固定纸样或临时固定裁片，也可用于立体裁剪，如图1-45所示。

（a）家用与职业用缝纫机针

（b）职业用缝纫机针

图1-43 缝纫机针

图1-44 手缝针

图1-45 大头针

（4）针插。针插用于存储各种手缝针、大头针等，用布包缝头发或羊毛呈半球体，与直径为8～10cm的底盘缝合在一起，两侧缝上橡皮筋，便于操作时套在手腕上，如图1-46所示。

五、整烫工具

由于西服讲究立体造型，整烫的质量将涉及成品的好坏，所以必须选择适应其面料的整烫温度和湿度，并调控压力才能不破坏面料的风格。由于整烫工具有家用和工业用之别，所以要根据使用目的来选择。

图1-46　针插

1. 蒸汽熨斗

熨烫细小的部位时，应紧握手把，给予一定的压力（1.7~2.5kg）。使用家用蒸汽熨斗时应把功率调节至400~600W为好，如图1-47所示。

2. 整烫烫包

在整烫胸、腰、肩等立体感强的部位时，需要有与该部位曲面相符的烫包作垫，以便整烫出应有的造型效果。整烫烫包内装入可吸湿的锯末，形状各异，如图1-48所示。

图1-47　蒸汽熨斗

图1-48　整烫烫包

3. 整烫马

整烫马用于裙子、裤子等筒状部位的整烫。另外，整烫上衣的缝份或有较大弹性的难以整烫的面料也常用此物，大小尺寸有很多种，如图1-49所示。

图1-49　整烫马

4.喷雾器、毛刷、袖垫、整烫"馒头"等
工具（图1-50）

（1）喷雾器：用于面料预缩、整烫、后整
理，可较大面积喷洒水分给衣服或面料加
湿气。

（2）毛刷：烫压缝份时在缝份上先用毛刷
蘸水沿缝份刷一下，面料吸入水分会更容易被
烫平展。

（3）袖垫：衣袖成形部位的整烫工具，用
于袖子的缝份，裤子的缝份等部位的整烫，其
他用于如袖山上的抽袖山形态、细小部位的缝
份整烫等。

图1-50　喷雾器、毛刷、袖垫、整烫"馒头"

（4）整烫"馒头"：与整烫烫包作用相同。

5.专业蒸汽烫台

蒸汽式的专业多功能整烫台，可将面料上的蒸汽余热从烫台上吸收，也可用于劈烫
缝份、烫折边，归、拔、后整理等作业，如图1-51所示。

图1-51　专业蒸汽烫台

六、其他工具

1.人体模型

人体模型也称人台（人体的替代品）——是立体裁剪必不可少的、最重要的用具。

人体模型分为女性、男性、儿童，且有上身人体模型、带下肢的人体模型等类型，
如图1-52所示。

设计师通常选用净体人体模型，以便施展创意。特征是：没有加放余量，可以得到
最理想的人体比例。适用范围：从紧身泳装到宽松大衣的设计。

（a）上身人体模型　　　　　　　　　　　　　（b）带下肢的人体模型

图1-52　人体模型

　　样板师、生产技术人员所用的人体模型，是针对大多数人和特定产品类型，为成衣化生产服务的工业用人体模型。其特征：在适当部位附加有人体所必需的余量，可以得到覆盖率较高的人体比例，按照国家标准进行生产，有固定的规格型号。还有根据服装的品种、销售的目标，生产厂家独自开发的具有不同使用目的的人体模型。适用范围：根据采取样板的目的，专台专用，如裙装用、泳装用、裤装用、套装用、大衣用、夹克用等很多种类，由于用途的需要，其形态、规格、余量大小都不相同。

　　还有用于成品检验的人体模型，以及夸张了人体的比例，注重美学比例与平衡的陈列展示用人体模型。

2.胶带模型线

　　胶带模型线可以在人体模型上贴基本标志线时使用，也可在立体裁剪时贴其他设计线时使用，还可在假缝时在衣服上标记轮廓线等设计时使用。一般选择黏性较好、能够重复使用多次的黑色或红色等深颜色的胶带模型线，规格有多种，但通常用规格为0.3cm宽的胶带模型线，如图1-53所示。

图1-53　胶带模型线

第二节　基础缝制

一、针、线、材料的关系

1.针的种类和用途

针主要有机针、手工针、刺绣针、特殊针等种类。其用途因针眼大小、长度各异，针的选择应与面料相匹配，如表1-1所示。

表1-1　针的种类和用途

针	种类	选用号		用途
缝纫机针 编号越大，针越粗	家庭用机针：HA（平底型） 职业用机针：DB（圆底型），HL（平底型） （7号～18号）	细 ↓ 粗	7号	特薄面料
			9号	薄面料
			10号	普通面料
			11号	普通面料
			14号	厚面料
			16号	特厚面料
			18号	特厚面料
手工缝针 编号越大，针越细	长针 短针 （6号～9号）	粗 ↓ 细	6号	锁扣眼用
			7号	厚面料纴缝用
			8号	厚面料缲缝，普通面料纴缝用
			9号	普通面料、薄料、缲缝、纴缝用
刺绣针 编号越大，针越细	（3～9号）	粗 ↓ 细	3号	25号绣花线穿6根
			4、5号	25号绣花线穿4～5根
			5、6号	25号绣花线穿3～4根
			7号	25号绣花线穿1～2根
特殊针	皮用手工针（三角针尖）			皮革用
	皮革用机针 针织用机针	11、14、16号 9、10、12、14号		皮革用、毛皮用、针织用

2.线和针一般使用方法

线主要分为手工用线、缝纫机用线和锁缝机用线三类。手工用线应与手工缝针及面料相匹配；机用线型号繁多且分类细，线的选择也应与缝纫机钊及面料相匹配，如表1-2所示。

表 1-2 线和针一般使用方法

	线	编号、长度		色数	针	用途
手缝线	绗缝线（棉）	无号码		7色	美国缝纫针6号、7号、8号	棉、羊毛的绗缝
		丝绗缝线	80m	2色（白、黑）	美国缝纫针9号	丝、化纤的绗缝
	涤纶线	20号	30m	100色	美国缝纫针6号	钉扣、锁扣眼
	真丝手缝线	9号	80m	220色	美国缝纫针7号、8号、9号	真丝、羊毛的绗缝
	涤纶手缝线	45号相当 40号相当	50m 100m	200色 200色	美国缝纫针7号、8号、9号	化纤面料缭缝 化纤面料绗缝
	丝线	16号	20m	220色	美国缝纫针6号	真丝毛织物的钉扣、锁扣眼
缝纫机线（编号越大线越细）	棉线	30、40号	200m	2色（白、黑）	美国缝纫针6号、16号	棉质服装的钉扣、锁扣眼
		50号	200m	2色（白、黑）	缝纫机针11号、14号	厚面料
		60号	200m	2色（白、黑）	缝纫机针11号	普通棉布
		80号	200m	2色（白、黑）	缝纫机针9号	薄料棉布
	真丝缝纫线	50号	100m	220色	缝纫机针9号、11号	普通或厚羊毛织物、丝织物、化纤织物
		100号	200m	220色	缝纫机针7号、9号	薄真丝料
		30号	50m	94色	缝纫机针14号、16号	缉线用
	涤纶线	60号 50号	200m 200m	200色 200色	缝纫机针11号	化纤、混纺厚面料
		90号	300m	200色	缝纫机针9号、11号	化纤、混纺薄料
		30号	100m	200色	缝纫机针14号、16号	化纤、混纺厚料
	尼龙线	50号	300m	161色	缝纫机针9号、11号	针织用
	锁缝线	90号	1500m	80色	缝纫机针9号、11号	普通、厚面料，锁缝用
	涤纶线	100号	1000m	40色	缝纫机针9号	薄料卷边用
	尼龙线	110号	1000m	40色	缝纫机针11号	卷边用

二、手缝

手工缝制工艺是制作服装的一项传统工艺，随着服装机械设备的不断发展和运用，以及制作工艺的不断改革，手工工艺逐渐被取代。但目前缝制服装的很多工艺过程仍依赖手工工艺来完成，另外，有些服装的装饰仍离不开手工工艺。手工缝制工艺是一项重要的基础工艺。

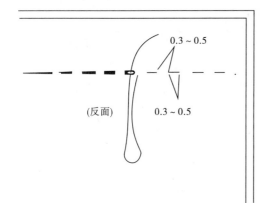

图1-54 绗针缝

1. 绗针缝

绗针缝属于最基础的手缝针法，主要用于假缝或手针固定，如图1-54所示。

2. 抽缝

抽缝是针距极细的手缝方法。手缝时只是针尖运动，多用于抽褶和抽袖山，如图1-55所示。

3. 环缝

（1）半环缝。将前行的针回到距离原来针眼位置的1/2处入针，连续缝下去，多用于两块布的固定，如图1-56（a）所示。

（2）全环缝。将前行的针回到原来针眼位置，连续缝下去，如果使用密集的环针缝，可代替机缝，如图1-56（b）所示。

（a）

（b）

图1-55 抽缝

（a）半环缝

（b）全环缝

图1-56 环缝

4.线丁

线丁在产品生产过程中的作用是标识缝头、尺寸、结合部位的标志。各种毛料服装在制作前，首先要进行这道工序，服装制作完成后，线丁作用自行消失，需要用镊子拔掉。在不能用划粉作标记的布料，也采用打线丁的方法。打线丁主要用于毛料、毛较长的混纺面料、丝织面料等。

打线丁的缝纫与绷针缝相同。打线丁采用双棉线，直线处针码稍大一些；曲线处针码稍小一些，如图1-57所示。

（a）　　　　　　　　　　（b）

（c）　　　　　　　　　　（d）

图1-57　线丁

5.绷针缝

绷针缝的主要作用是将两层以上的衣片固定在一起，使其不易移动，便于下一步加工。

根据其作用可分为两种：一种是起到临时固定作用，加工完毕，缝线被拆掉，为了防止结合部位或部件机缝时错动，先经绷针缝，然后再进行机缝，这种情况比较多，其针码较大，如图1-58（a）所示；另一种是机器不能缝合的地方，采用绷针缝来结合，如面布与里布缝头部位固定，其针码要稍小，如图1-58（b）所示。

（a）

（b）

图1-58　绷针缝

图1-59　扳缝

6. 扳缝

扳缝的作用是使产品部件定型或辅助定型。扳缝采用直插针，线迹成斜形。从扳缝所起的作用上又可分成两种情况：一是产品部件或部位缉明线，这种扳缝只起辅助定型作用，缉完明线后，扳缝线拆掉；二是产品通过扳缝加工达到永久定型的要求，如图1-59所示。

7. 拱缝

在产品的缝制过程中，采用拱缝的部位不多，一般在毛料服装不缉明线的前门襟止口和驳头的驳印部位附近采用。它不仅要使部件定型，还要求在产品的正面不露出明显针迹，方法上也可以采用小针码的环针缝或半环针缝的形式进行加工。贴边与缝头固定的情况如图1-60（a）所示，缭拉锁的情况如图1-60（b）所示。

（a）

（b）

图1-60　拱缝

8. **直卷缝**

直卷缝用线与机缝线同色，比机缝线稍粗，针迹与裁剪线成直角，针迹较密，如图1-61所示。

9. **斜卷缝**

斜卷缝多用于领的翻驳线处。使外翻的驳领、衬和贴边的余量能很好地稳定住。针与翻驳线成直角，线迹呈斜向，如图1-62所示。

图1-61　直卷缝

图1-62　斜卷缝

10. **纳缝**

纳缝多用于西服领及翻驳处，将衬固定在面布上，但线和针都不穿透面布，如图1-63所示。

11. **落针缝**

在缝线间或缝线沟内进行落针缝，使缝头稳定住，如图1-64所示。

图1-63　纳缝　　　　　　　　　　　　　图1-64　落针缝

三、机缝

1. 直线缝
用手指压着面料，稍稍用力撑起平面料进行缝制，缝制开始和结束时，注意打回针。

2. 角缝
缝至有角度的地方，将机针插入面料，使之不会移动，抬起缝纫机的压脚后，改变布的方向，这样会缝得比较漂亮。

3. 曲线缝
缝至曲线处，将压脚的压力稍稍松一松，以左手中指为圆心，食指转动面料，这样布可以自由弯曲着移动，缝纫出弧线形线迹。

4. 装饰缝
装饰缝兼有设计作用，但主要作用是将缝份和衬固定，一般使用缉明线用线，或锁扣眼用线，也可以使用不同颜色的线，这样具有一定的立体感。

四、缝头的处理方法

1. 特种机缝
（1）机缝布边的同时能将多余的布边剪切掉，如图1-65（a）所示。

（2）在布边机缝时，能同时将布边折起来进行缝制，多用于薄布料，如图1-65（b）所示。

（a）　　　　　　　　　　　　　　（b）

图1-65　特种机缝

2. 锁边
将多余的缝头剪去，然后用锁边机锁边，这是最常用的缝头处理方法，如图1-66所示。

3.折边缝

多用于比较薄的棉、麻、化纤面料的缝头处理，如图1-67所示。

图1-66　锁边

图1-67　折边缝

4.包缝

（1）明包缝。首先使两片布的反面与反面相对，从布的正面进行机缝，将其中一片的缝头剪去1/2或比1/2多一些，也可在最初裁剪时，使两片布的缝头幅宽有一定的差，如图1-68（a）所示，然后让幅宽一片缝头包着幅窄一片缝头，幅宽侧的缝头朝幅窄一侧倒烫，如图1-68（b）所示，最后从正面缉明线，如图1-68（c）所示。

（b）

（a）

（c）

图1-68　明包缝

（2）暗包缝。首先使两片布的正面对合起来，从布的反面进行机缝，将其中一片的缝头剪去1/2或比1/2多一些，也可在最初裁剪时，使两片布的缝头幅宽有一定的差，如图1-69（a）所示，然后让幅宽一片缝头包着幅窄一片缝头，幅宽侧的缝头朝幅窄一侧倒烫，如图1-69（b）所示，最后从反面缉明线，如图1-69（c）所示。

图1-69　暗包缝

5. 袋缝

适合于透明、容易毛边的布料缝制，以前作为装面粉布袋的缝制而得名。首先将两片布的反面相对，距净样线0.5～1cm的外侧进行机缝，然后将两片缝头清剪至0.3～0.5cm，用熨斗劈缝熨烫，如图1-70（a）所示，最后将布料正面相对，从反面在净样线上机缝，如图1-70（b）所示。

图1-70　袋缝

6. 劈烫缉缝

两片布的正面相对进行机缝，熨烫劈开缝头，将缝头的边缘分别折进0.5cm，左右缝头的幅宽固定后，从正面缉明线，如图1-71所示。

7. 劈烫缭缝

此方法的要领与斜卷缝相同，或者机缝后进行斜卷缝，适合于不透明、有一定厚度且不易毛边的布料，如图1-72所示。

图1-71 劈烫缉缝

图1-72 劈烫缭缝

8. 锯齿切剪

面料边缘进行锯齿切剪后，缝头端为斜纱，不易毛边，在设计上，有将其放在布的正面，然后缉明线，此方法不适用于易脱纱的布料，如图1-73所示。

五、折边的方法

1. 三折缝

面料进行三折缝时，在设计上，兼有缉明线的作用，适合于机缝线不太明显的布料。

（1）不完全三折缝，适合于不透明的布料，如图1-74（a）所示。

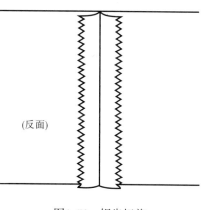

图1-73 锯齿切剪

（2）完全三折缝，适合于透明的布料，如图1-74（b）所示。

2. 两次折边缝

两次折边缝多用于薄软的面料边缘处理，如装饰用的花边、做蝴蝶结之类的布条等。将布边折叠好后，进行第一次机缝，并剪去多余的缝头，如图 1-75（a）所示，然后再折一次，进行第二次机缝，两次机缝线重叠起来比较好看，如图1-75（b）所示。

（a）不完全三折缝

（b）完全三折缝

图1-74　三折缝

（a）第一次折缝

（b）第二次折缝

图1-75　两次折边缝

3. 绷三角针

（1）普通三角针。折叠好的布边缘，从左至右交叉地用小针缝，将缝头固定。主要用于敷有全里面料的西服等衣服的下摆、袖口的缝头处理。既有使服装的部件结合的作用，又有防止部件脱纱的作用，如图1-76（a）所示。

（2）直立三角针。比普通三角针的针迹间隔要小，纵向稍长，主要用于裤脚口的折边处理，如图1-76（b）所示。

（3）略三角针。与普通三角针、直立三角针的缝向相反，从右向左，上、下交互地缝，用于将防止伸缩的牵条固定在面布上，如图1-76（c）所示。

（a）直插缭缝

图1-76 绷三角针

三种三角针法在正面的面料一侧只挑起几根纱,不能穿透面料在表面露出缝针印。

六、缭边的方法

1. 明插缭缝

(1)直插缭缝。由于针的线迹与折边成垂直状,故取名直插缭缝。多用于敷里衣服的袖口、袖窿处,注意线不能太长,如图1-77(a)所示。

(2)斜插缭缝。由于针的线迹与折边成斜向状,故取名斜插缭缝。缭缝时,将面布与折边边缘同时用极小针缝起来。适合于丝织品类较柔软的布料或里布的手缝,如图1-77(b)所示。

图1-77 明插缭缝

2.暗插缭缝

（1）用于西服、半大衣等衣服里布的下摆处理。为了防止面布伸缩，里布脱纱，左手手指按住里布的折边线，用斜插缭缝，如图1-78（a）所示。

（2）用于裙子、裤子或无里面料的西服等衣服的下摆处理。这种方法用途比较广泛。左手手指按住锁边后折叠的缝头，然后反复用斜插缭缝，缝线要稍松一些，有时也用绷三角针缝，如图1-78（b）所示。

图1-78　暗插缭缝

3.捻卷缝

捻卷缝主要用于柔软的薄面料、花边、下摆的处理。首先进行机缝，沿机缝线将多余的缝头去掉，使边缘产生一定硬度。然后以机缝线为芯，一边细细将边缘捻卷起来，一边用斜插缭缝，如图1-79所示。

图1-79　捻卷缝

4.对针缝

机缝后，用熨斗将缝头劈开熨烫，然后用手缭缝，针迹要细密。

对针缝法主要使用在西服领与驳头的接合部位，部件的表面不见针迹，效果与劈缝相似，适合于不易采取机缝部位的加工，而且还适合于多层部位的结合加工，从两部位边垂直入针，缝线拉紧。为了避免缝线滑扣，使结合部位松弛裂缝，最好每缝2～3针时，做一次回针缝，如图1-80所示。

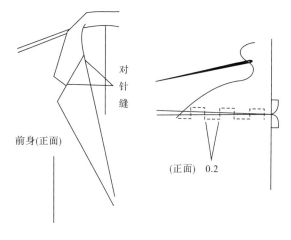

图1-80 对针缝

七、斜纱条的制作与使用方法

1.斜纱条的制作

（1）斜纱条裁剪。正斜纱条与布的纱向呈45°角，如果作为贴边使用时，纱条的宽度为3cm左右；如果作为包边、滚边使用时，斜纱条宽度是包边、滚边宽度的4倍，并加上0.5～1cm的余量，进行裁剪，如图1-81所示。

（2）缝合。将斜纱条裁剪边对好，注意布的纱向，然后进行机缝；接着将缝头劈开，熨烫，并将多余缝头剪去，如图1-82所示。如果一次裁剪成长的斜纱条时，可全部缝合在一起，作上标记，然后裁剪，如图1-83所示。

图1-81 斜纱条裁剪

图1-82 缝合

图1-83　斜纱条裁剪

（3）斜纱条熨烫。作为包边、滚边用的斜纱条，在使用前进行熨烫，轻轻地一边拉伸一边熨烫，使其平展美观，如图1-84（a）所示。也可以使用折斜纱条工具进行熨烫折边，操作比较方便，如图1-84（b）所示。

轻轻地一边拉伸着一边熨烫

（a）

斜纱条反面　　斜纱条表面

将斜纱条工具向左拉动

（b）

图1-84　斜纱条熨烫

2. 斜纱条的制作及使用方法

（1）将斜纱条的正面与裁片正面相对，进行机缝，如图1-85（a）所示，接着将斜纱条另一边折烫（也可在机缝之前折烫好），然后翻到裁片的反面进行手针缭缝，如1-85（b）所示。

图1-85　斜纱条制作

（2）如果使用薄且透明的斜纱条，为了使裁片缝头的裁剪边不透，将斜纱条折成两层，进行机缝，如图1-85（a）所示，然后在反面进行手针扦缝，如图1-86所示。

（3）将斜纱条的边折起来，夹着裁片的边，然后在斜纱条上缉明线，要求斜纱条正反两面一次缝住，如图1-87所示。

图1-86　手针扦缝　　　　　　　　　　　　图1-87　缉明线

（4）先将斜纱条缝在裁片正面，再将斜纱条折烫，然后翻转到裁片反面，宽度比正面略宽，从裁片正面落针机缝缉明线，要求缝住反面斜纱条，如图1-88所示。这种方法用于普通面料的处理。

（5）事先定好斜纱条在正面的宽度，将斜纱条先缝在裁片正面，然后直接翻到裁片反面，将裁片反面的斜纱条展开，从裁片正面落针机缝缉明线。这种方法多用于大衣、外套的缝份、下摆处理，如图1-89所示。

图1-88　普通面料落针机缝

图1-89　较厚面料落针机缝

（6）有弧度的部位加斜纱条时应注意，向内的弧度，在弧度大的部位适当用力拉抻着缐斜纱条，如图1-90（a）所示。向外的弧度，在弧度大的部位适当留有吃量缐斜纱条，如图1-90（b）所示。

（a）

（b）

图1-90　缐斜纱条

八、扣眼的制作方法

手工锁扣眼在服装生产中已被各种型号、各种类型的锁眼机所代替，但对于服装技术人员来说，手工锁扣眼是应该具备的技术。

手工锁扣眼时，一般使用30号的棉线或的确良线、丝线；线的长度大约是眼孔的30倍。在锁扣眼途中，注意不要让线断开或劈开。

1.锁扣眼方法 A

（1）将扣眼大小确定，一般宽为0.4cm，长是扣子直径＋扣子厚度（0.3cm），然后机缝。容易毛边的布料，在扣眼中要来回进行几道机缝，防止脱纱，如图1-91（a）所示。

（2）在扣眼中央剪开切口，如图1-91（b）所示。

（a）

（b）

剪开

图1-91　确定扣眼剪切口

（3）首先在扣眼周围缝上一圈芯线，然后按顺时针方向起针锁起，如图1-92所示。

（4）一侧锁眼完后，在角的地方按图示呈放射状进行锁缝，然后同前面一样，锁缝至扣眼终点，如图1-93所示。

此线头留在最后打结

拐角处呈放射状

图1-92　缝一圈芯线

图1-93　放射状锁缝

（5）锁到最后，将针插入最初锁眼的那根线中，如图1-94（a）所示；然后将线横方向缝两针，如图1-94（b）所示；再纵向缝两针，如图1-94（c）所示。在锁缝好的扣眼反面锁缝线来回两次穿过锁扣眼线，不用做线结直接将线剪断，如图1-94（d）所示。

（6）锁眼完毕后，注意不要忘记将最初做的线结剪切掉，完成如图1-95所示。

插入最初的缝线中

缝透至反面，针从角处缝出

（a）　　　　　　　　　　　（b）

（c）

两次回针后剪断线头

（d）

图1-94　锁扣眼A

图1-95　锁扣眼A完成

2. 锁扣眼方法 B

此种锁扣眼方法由于两端纵横方向缝了回针，比较结实，所以多用于纵向扣眼的锁缝，比如衬衫扣眼等。

（1）做芯线，如图1-96所示。

（2）一侧锁眼完毕后，纵横方向缝回针，拐弯处仅仅第一针直接穿透最初结线球的那一针的缝线，然后锁扣眼，如图1-97所示。

（3）完成状态，如图1-98所示。

机缝扣眼一周

图1-96　做芯线

拐弯处仅仅第一针
直接穿透最初的缝线

图1-97 锁扣眼B　　　　　　　　图1-98 锁扣眼B完成

3. 锁扣眼方法C

此种扣眼，由于扣子的线脚在圆孔处，所以比较平稳。多用于较厚材料衣服的锁眼，如西服、大衣等。

（1）首先在扣眼周围进行机缝，开圆孔，打剪口，如图1-99所示。

（2）做芯线，注意在圆孔周围细缝，如图1-100所示。

此角剪去比较好

圆孔周围芯线针码要细

图1-99 打剪口　　　　　　　　图1-100 做芯线

（3）锁扣眼要领与第一种、第二种方法一样，在圆孔周围也一样呈放射状进行锁缝，完成如图1-101所示。

4. 锁扣眼方法D

服装中使用金属扣件的比较多，此扣眼用于腰带孔和装饰品插孔。开了圆孔后，在圆孔周围缝芯线，锁圆孔扣眼其周围的线迹形状呈放射状的，锁扣眼要领与前几种方法相同，如图1-102所示。

呈放射状

图1-101 锁扣眼C完成

芯线

0.2

图1-102 锁圆孔扣眼

6. 挖扣眼

挖扣眼用于设计比较讲究的连衣裙、西服外套等。通常使用的纽扣也是用面布包起的包扣，扣眼中的眼皮布一般与面布相同，挖扣眼的制作步骤如下：

（1）裁出眼皮布，其纱向根据面料而不同，如图1-104所示。

5. 装饰用扣眼

此种扣眼没有切口，只是作为装饰使用。多用于西服的驳头、袖口开衩处。锁装饰用扣眼有两种方法：第一种与锁扣眼方法A相同，如图1-103（a）所示。第二种是刺绣式的丝网眼，如图1-103（b）所示。

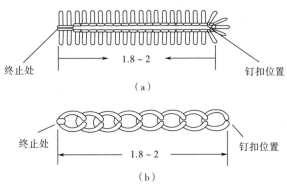

终止处   1.8~2   钉扣位置

（a）

终止处   1.8~2   钉扣位置

（b）

图1-103 装饰用扣眼

（2）将眼皮布的正面与衣身片正面相对，进行机缝一周，然后开扣眼剪口，由于布料有一定的厚度，注意在扣眼中央稍清剪一些，如图1-105所示。

身片(正面)

眼皮布(反面)

手针固定   机缝线

前端

0.2

0.2

4~5

扣子直径+扣子厚度(0.3)

5~6

图1-104 裁眼皮布

身片(正面)

眼皮布(反面)

前端

由于布料有一定的厚度扣眼中央稍清剪一些

图1-105 开扣眼剪口

（3）将眼皮布翻到衣身片反面，如图1-106所示。

（4）将翻至衣身片反面的眼皮布进行整烫，整理扣眼形状，使两端能看见面布，如图1-107所示。

（5）将衣身片与眼皮布的缝头进行劈烫，如图1-108所示。

（6）边看衣身片正面，边整理眼皮布的幅宽以及扣眼形状，如图1-109所示。

图1-106 翻眼皮布

图1-107 整烫眼皮布

图1-108 劈烫缝份

图1-109 整烫扣眼

（7）从衣身片正面进行落针缝，将眼皮布固定，如图1-110所示。

（8）在缝份处沿最初的缝线进行机缝，如图1-111所示。

图1-110 眼皮布固定

图1-111 缝线机缝

（9）将扣眼两端的三角布、眼皮布进行三次回针机缝固定，如图1-112所示。

（10）将多余的眼皮布剪掉，修整，使其角处成为圆弧状，如图1-113所示。

图1-112　回针缝固定

图1-113　修剪圆角

（11）将贴边与衣身片，在挖扣眼处的四角用大头针固定，然后在贴边上作挖扣眼的标记，如图1-114所示。

（12）在贴边上记号的中心剪成"＞——＜"形剪口，将剪口处缝份折向贴边的反面，如图1-115所示。

（13）将衣身片与贴边上扣眼位置对好，用细密针码缭缝，如图1-116所示。

（14）挖扣眼完成，如图1-117所示。

图1-114　作标记

图1-115　翻折贴边反面

7. 带孔扣眼制作方法

带孔扣眼多用于西服外套、大衣等较厚面料的衣服，带线脚的扣子固定在有孔的地方，比较平稳，而且扣纽扣、解纽扣比较方便。

（1）将眼皮布固定在衣身片上，如果是厚面料，内侧缝成弧形，如图1-118所示。

图1-116　缭缝　　　　　　　　　　　　　图1-117　完成

（2）将眼皮布翻至反面，熨烫整理扣眼形状，如图1-119所示。

图1-118　固定眼皮布　　　　　　　　　　图1-119　整理扣眼形状

（3）将眼皮布两端拉紧，前端一侧形成三角形，从衣身片正面按图所示的位置进行落针缝固定，如图1-120所示。

（4）进行机缝打结固定，将眼皮布固定在衣身片上，然后将多余眼皮布剪掉，使其角成为圆弧形，如图1-121所示。

（5）将贴边打剪口后折烫缝份，用细密针码手工缭缝，如图1-122所示。

（6）带孔挖扣眼完成，如图1-123所示。

图1-120 落针缝固定　　　　　　　图1-121 修剪圆角

图1-122 缭缝　　　　　　　　　图1-123 完成

九、钉扣的方法

1. 有线脚无垫扣的情况

线脚的长，比衣身片的厚度稍长，最初与最后做线结，不要留在背面。

（1）打线结，在衣身片的正面缝成十字形针，如图1-124所示。

（2）入针间距与纽扣孔的间距相同，如图1-125所示。

打线结，从身片正面缝成十字形

图1-124 打线结　　　　　　　　　图1-125 入针

（3）将线穿2～3次回针，使线脚长比衣身片的厚度稍长，如图1-126所示。

（4）按图示从上向下将线绕几圈，然后进行卷针缝，如图1-127所示。

图1-126　回针

图1-127　卷针缝

（5）打一个线套，将线拉紧，如图1-128所示。

（6）针线来回穿透两次，将针从背面穿出，如图1-129所示。

最后将线打一个结

图1-128　打线套

穿透两次针从背面出来

图1-129　穿针

（7）在背面做一个线结，然后，将线拉至布间或线脚的间隙中，齐根剪去多余的线，完成如图1-130所示。

2. 有线脚有垫扣的情况

有线脚有垫扣的情况多用于西服、外套、大衣中。由于扣子比较大，对布料的负担就大，所以背面有垫扣。钉扣子，针线穿到背面时，将垫扣也钉住，垫扣不需要线脚，如图1-131所示。

图1-130　完成　　　　　　　　　　图1-131　有线脚有垫扣

3.钉装饰扣的情况

与普通钉扣的方法一样，但不需要线脚，如图1-132所示。

4.钉四孔扣的情况

如果扣子上有线槽，沿着线槽钉扣子即可，线成"二"字形。如果线交叉着钉扣子，线容易切断，且不结实、不牢固，如图1-133所示。

图1-132　钉装饰扣　　　　　　　　图1-133　钉四孔扣

十、钉按扣的方法

按扣的大小、色彩比较丰富，用途也比较广，钉按扣的方法比较简单。厚面料，需用力的地方，钉大按扣；在不显眼的暗处钉按扣时，多用与面布同色的按扣，按扣的凹形面钉在下面，凸形面钉在上面，如图1-134所示。

（1）在钉按扣的中央，从面布的正面先缝一针，如图1-135所示。

（2）与锁扣眼相同，每一小孔缝3～4针，如图1-136所示。

（3）钉按扣完成后的效果，如图1-137所示。

（a）凹形　　　　　（b）凸形

图1-134　凹凸按扣

图1-136　缝按扣

（a）正面　　　　　　（b）背面

图1-137　完成

图1-135　从正面入针

十一、钉挂钩的方法

1. 金属制丝状挂钩

金属制丝状挂钩主要用于服装两片合在一起、且不太用力部位的连接上。金属制丝状挂钩装钉位置一般是上钩距离边缘线0.2~0.3cm向内缩进，下环与上钩正好相反，向外吐出0.2~0.3cm，应注意"吞钩吐环"的要领。钉金属制丝状挂钩时先缝两根横线，将挂钩固定，然后与锁扣眼方法相同，固定住上钩下环，如图1-138所示。

2. 金属制片状挂钩

金属制片状挂钩多用于比较受力的地方，如裙子、裤子的腰带上。先确定装钉挂钩和环片的位置，用锁扣眼的针法均匀地环绕每个圆孔锁缝一周，最后一针穿入两层面料之间，从2cm外位置穿出，线拉紧后齐根剪断，使线头藏在两层面料之间，使全体造型比较美观、自然、平整，如图1-139所示。

0.2~0.3

上钩　　　　　　　　下环

图1-138　钉金属制丝状挂钩

与锁扣眼一样，一个一个孔进行做线结

图1-139　钉金属制片状挂钩

十二、扣环的制作方法

扣环有用线制作的，也有用布制作的。用线制作叫线扣环，主要用于腰带襻，裙、大衣下摆的面布与里布的固定；用布制做的叫布扣环，主要用于系纽扣。

1. 线制扣环制作方法

（1）方法一：多用于腰带穿入，相当于腰带襻的作用。将三根所需线穿入，使其长度为所需长度，缝制要领与锁扣眼相同，如图1-140所示。

（a）

缝2~3回

（b）

与锁扣眼的要领相同进行制作

图1-140　线制扣环方法（一）

（2）方法二：多用于将里布与面布固定。先将线结牢牢固定在布上，如图1-141（a）所示。然后用编织的方法制作扣环，如图1-141（b）所示。编到适当的长度，将针通过环，引出线，如图1-141（c）所示。然后牢牢将线扣环固定在布上，并在背面做一个线结，如图1-141（d）所示。

2. 布制扣环制作方法

（1）事先将斜纱条熨烫平展，使其正面对正面折成两折，在翻口处稍宽一些，用细针码进行机缝，然后将多余的缝头部分剪掉，如图1-142（a）所示。

（2）将扣环翻过来，使扣环的正面朝外，如图1-142（b）所示。

（3）熨烫整理扣环幅宽，注意吐止口，并使扣环成为弧形，这样布制扣环就完成了，如图1-142（c）所示。

十三、打线结的方法

1. 特种打结机或机缝回针打线结

袋口两端、拉链终端等通常受力较大的部位要打线结加固。裤前门襟可用使用特种打结机或机缝回针，完成打线结，如图1-143所示。

图1-141 线制环扣方法（二）

图1-142 布制环扣方法

受力部位需要特种机打结或机缝回针打结

图1-143　特种打结机或机缝回针打线结

2.手缝打线结

（1）在打结位置手缝三针，做2～3根芯线，如图1-144（a）所示。

（2）然后交叉运针，上下针呈8字形，包卷三根芯线，如图1-144（b）所示。

（3）手缝打线结完成，如图1-144（c）、图1-144（d）所示。

图1-144　手缝打线结

十四、装蕾丝的方法

1.装布蕾丝的方法

（1）用蕾丝的缝份包边。首先将蕾丝的缝份与面布的缝份错开机缝，如图1-145（a）所示。然后用蕾丝的缝份包住面布的缝份，缝份向面布倒烫，最后缉明线，如图1-145（b）所示。

图1-145 用蕾丝缝份包边

（2）用斜纱条包边。首先将蕾丝、面布、斜纱条一起机缝，如图1-146（a）所示。然后将斜纱条向一侧折叠，用斜纱条包住所有缝份，并向面布烫倒，最后缉明线，如图1-146（b）所示。

图1-146 用斜纱条包边

（3）用锁边处理。首先将蕾丝、面布一起机缝；然后锁边，缝份向面布倒烫；最后缉明线，如图1-147所示。

图1-147 用锁边处理

2.装线蕾丝的方法

（1）用蕾丝边盖住面布边缉线的情况。首先将蕾丝的边与面布的边错开机缝，如图1-148（a）所示。然后将缝份向面布倒烫，用蕾丝边盖住面布边，最后缉明线，如图1-148（b）所示。

（2）将面布折边手针缭缝的情况。首先将蕾丝与面布搭合机缝，如图1-149（a）所示。然后将面布折边倒烫，最后手针缭缝，如图1-149（b）所示。

（a）　　　　　　　　　　　　　　　（b）

图1-148 蕾丝边边盖住面布边缉线

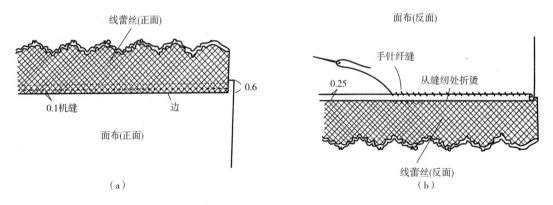

（a）　　　　　　　　　　　　　　　（b）

图1-149 面布折边手针缭缝

（3）将面布锁边，直接机缝蕾丝与面布的情况。首先将面布锁边，并折烫，如图1-150（a）所示。然后直接将蕾丝与面布搭合机缝，如图1-150（b）所示。

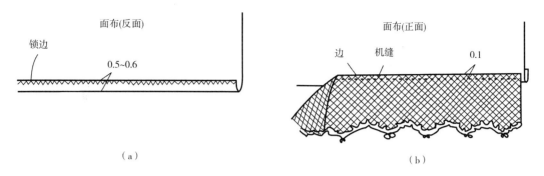

图1-150　面布锁边、折烫、搭合机缝

第三节　局部缝制

一、圆领口

1. 款式图
圆领口款式如图1-151所示。

2. 款式说明

图1-151　款式图

圆领口属于最一般、最简单的无领型领口之一，其制作方法较为简单。领口的处理有两种方法：一种是领口处用斜纱条包边；另一种是领口处绱贴边。本节按绱贴边的方法讲解，绱贴边时注意与身体的曲面相合。门襟开口可设在前后中心线、肩缝或者是偏门襟。开口处可以锁眼钉扣或绱拉链。此领口的设计多用于衬衣、连衣裙、休闲服装等。

3. 裁剪

圆领口裁剪如图1-152所示。

图1-152　裁剪

4. 缝制工艺操作过程

（1）后身片贴边粘衬，领口贴边粘衬；各裁片锁边，如图1-153所示。

图1-153　贴边粘衬、锁边

（2）锁缝后片肩省、合肩缝、倒烫肩省、劈烫肩缝，如图1-154所示。

（3）缝合前后领口贴边的肩缝，劈烫贴边肩缝，如图1-155所示。

图1-154　收肩省、合肩缝、倒烫肩省、劈烫肩缝　　图1-155　缝合贴边肩缝、劈烫贴边肩缝

（4）绱领口贴边。将领口贴边与前后身的领口处比齐摆正，对位点对齐。缉缝领口处，注意身片后领口门襟处与后领口贴边的层次关系，如图1-156（a）所示，将领口贴边翻向反面，整理熨烫领口与门襟处，身片吐止口0.1cm，如图1-156（b）所示。

（a）　　　　　　　　　　　　　　　　（b）

图1-156　绱贴边

（5）用手针将领口贴边缭缝固定在身片上，如图1-157所示。

贴边与身片的肩缝手针缭缝

手缭

右后衣身
(反面)

图1-157　缭缝固定领口贴边

二、船型领口

1. 款式图

船型领口（一字型领口）款式如图1-158所示。

图1-158　款式图

2. 款式说明

船型领口属于较典型的无领型领口之一。其制作方法可以同圆型领口一样，领口处采用斜纱条包边或缲贴边。但因其外形结构特点，横开领开得较大，以致小肩较窄。因此，其缝制方法更适合领口与袖窿贴边连裁，给人以整洁统一的美感。绱贴边时注意与身体的曲面相合，领口与袖窿处不要拉伸。门襟开口可根据款式需要设在前后中心线或套头穿。此领口的设计多用于礼服、衬衣、连衣裙、休闲服装等。

3. 裁剪

船型领口裁剪如图1-159所示。

图1-159　裁剪

4. 缝制工艺操作过程

（1）各裁片粘衬、锁边。后身片贴边粘衬，前后身片贴边粘衬与否，可根据面料实际性能与效果灵活选择。如果需要粘衬，贴边应先粘衬后锁边，如图1-160所示。

（2）合身片、合贴边肩缝。缝合衣身及贴边的左右肩缝，劈烫肩缝。

（3）绱贴边。将贴边与衣身比齐摆正，看着贴边按1cm缝份绱缝贴边与衣身的领口和袖窿。注意袖窿贴边缝至侧缝净样线处，并注意贴边与衣身在门襟处的层次关系，然后将领口与袖窿的拐弯处打剪口，倒烫袖窿和领口处的缝份，如图1-161所示。

（4）翻烫贴边。从前身的左右肩线处，将左右后身片掏出，使衣身与贴边的表面朝外，整理熨烫领口与袖窿处，注意身片的领口与袖窿吐止口0.1cm，如图1-162所示。

（5）缝合侧缝。身片与贴边侧缝一起缝合，劈烫侧缝；整烫袖下贴边处，手针扦缝贴边与衣身的侧缝处，如图1-163所示。

后身贴边
(反面)

锁边

前身贴边
(反面)

锁边

后
(反面)

锁
边

前
(反面)

图1-160　各裁片粘衬、锁边

后
(正面)

1

剪口

打剪口

对齐对位点

贴边
(反面)

清剪剩
0.5

缝线

前
(正面)

图1-161　缲贴边

后(反面)

后贴边(正面)

手针缭住

吐止口0.1

从肩处拉出后衣身，翻向正面

吐止口0.1

前贴边(正面)

前(反面)

后贴边(正面)

图1-162　翻烫贴边

后(正面)

手缭

前贴边(正面)

手针缭

缝合衣身与贴边的侧缝

前(反面)

劈烫

图1-163　缝合侧缝

三、V型领口

1. 款式图

V型领口款式如图1-164所示。

2. 款式说明

V型领口的形状有宽V型领、细长V型领、短V型领等多种。V型领的效果给人以成熟的感觉。V型领应用范围较广，常见于衬衣、连衣裙、礼服、家居服等服装。缝制时能够做出漂亮的V型领线和领尖是缝制的关键。裁剪时贴边的肩接缝与衣身的肩接缝错开1cm，减小缝头堆积所致的厚度，或者前后领口的贴边裁成一片。门襟可以设在后中心线处，也可以做成套头式。

3. 裁剪

V型领口贴边裁剪如图1-165所示。

4. 缝制工艺操作过程

（1）各裁片粘衬、锁边，如图1-166所示。

图1-164　款式图

后领口贴边

前领口贴边

前身片

后

图1-165　裁剪

图1-166　各裁片粘衬、锁边

（2）合身片、贴边肩缝。缝合领口贴边与衣身的肩缝，然后将缝头劈烫。

（3）缉领口贴边。把身片展平，使领口贴边与衣身的正面相对，比齐对位标记，注意贴边与衣身门襟的层次关系，看着贴边按0.5cm缝份机缝缉贴边。在V型领尖处和后领口弯势大的地方打剪口，如图1-167所示。

（4）翻烫贴边。将贴边翻向身片的反面整理熨烫，身片吐止口0.1cm，然后将领口贴边与衣身领口的缝份倒向贴边，看着贴边缉压0.1cm明线，如图1-168所示。

图1-167　缉领口贴边

图1-168　翻烫贴边、手针缭缝固定贴边

（5）在领口贴边的肩缝处与衣身的肩缝处手针缭缝固定，最后整烫。

四、方型领口

1. 款式图

方型领口款式如图1-169所示。

图1-169　款式图

2. 款式说明

方型领口呈四角形，有前后领口都开成方形的，也有前领口开方形后领口是圆形的两种情况，该领型与前面的领型相比较更具个性。其缝制重点是外翻边的制作。

3. 裁剪

方型领口裁剪如图1-170所示。

4. 缝制工艺操作过程

（1）后身片贴边粘衬，领口贴边粘衬；前后身片肩缝锁边，如图1-171所示。

（2）缝合贴边、身片的肩缝，分缝熨烫，如图1-172所示。

（3）缉领口贴边。将做好的贴边正面与身片的反面相对，领口处比齐摆正而且

后领口贴边

前领口贴边

后身片

贴边3

前身片

图1-170 裁剪

前领口贴边粘衬

后领口贴边粘衬

后身片

贴边3

前身片

图1-171 粘衬、锁边

图1-172　缝合并劈烫贴边肩缝

身片在上，看着身片按0.5cm缝份勾缝身片与贴边的领口。拐角处打剪口，倒烫领口缝份，贴边吐止口0.1cm；扣烫贴边的外口缝份，注意贴边的门襟部位，要熨烫方正，用大头针将贴边外口与身片固定在一起，门襟贴边与领口贴边一起锁边，熨烫贴边，如图1-173所示。

图1-173　缲领口贴边

（4）贴边缉明线。领口贴边缉明线0.1~0.2cm，注意线迹的走向，最后整理熨烫，如图1-174所示。

图1-174　贴边缉明线

第二章 女衬衫缝制工艺

第一节 女衬衫的局部缝制工艺——领子

一、长方领

1. 款式图

长方领款式如图2-1所示。

图2-1 款式图

2. 款式说明

长方领是一种接近长方形的领子，有运动感，在衬衫中经常使用，也可用于夹克衫、休闲服等。着装时领子可以立起来也可以翻下去。前领绱至门襟止口处，后领绱领时其缝份用斜纱条包光。

3. 裁剪

长方领裁剪如图2-2所示。

图2-2　裁剪

4. 缝制工艺操作过程

（1）领子、贴边粘衬，各裁片锁边，如图2-3所示。

（2）做领子，如图2-4所示。将领里及领面正面相对叠放，勾缝领子两端，然后倒烫两端的缝头，接下来把领子翻向正面，整理熨烫。

（3）绱领子。

（a）领子粘衬

图2-3

（b）粘衬、锁边

图2-3　领子、贴边粘衬

图2-4　做领子

　　①首先缝合肩缝，将肩缝缝份劈烫。扣烫门襟贴边的肩线处缝份，然后将做好的领子与衣身片领口处比齐放好，用大头针固定或用手针粗缝固定，注意将门襟贴边折转过来将领子夹在中间，如图2-5所示。

　　②扣烫后领口处的斜纱条，然后将斜纱条放到后领口处，大针码手针粗缝，注意斜纱条与门襟贴边的位置关系，如图2-6所示。

图2-5　手针粗缝绱领子

图2-6　绱斜纱条

③从门襟的一端开始缉缝绱领子，缝份0.7cm。清剪掉领子的缝份0.3cm，如图2-7所示。

④领子缝头清剪后，将领子翻向正面，把后领口处的斜纱条整理熨烫，用手针缭缝或缉缝固定，然后把门襟贴边与肩缝手针缭缝固定。最后整理熨烫领子，如图2-8所示。

图2-7 缉缝绱领子

图2-8 整烫领子

二、敞领

1. 款式图

敞领款式如图2-9所示。

2. 款式说明

如图2-9所示属于开门领的造型，是敞领的基本型。驳头可宽可窄，形状多种多样。由于前领口呈拐角形状，故缝制时较有代表性，后身领口处的缝头用斜纱条包光处理。领面样板应根据面料薄厚加放翻折量和止口量。

图2-9 款式图

3. 裁剪

敞领裁剪如图2-10所示。

图2-10　裁剪

4. 缝制工艺操作过程

（1）领子、贴边粘衬，各裁片锁边，如图2-11所示。

（2）做领子。首先将领里领面正面相对摆正，领里领面的后中心线外口对齐，看着领里按0.3～0.4cm缝份粗缝（或用大头针固定），注意两领角要加放吃势；然后看着领里按净印线勾缝领外口，勾完后观察领面，领面两端应有鼓势而且左右对称；将领子翻向正面，整理熨烫领子，吐止口0.1cm。最后将领子呈翻折状，确认领子翻折量，适当修剪

图2-11 粘衬、锁边

领下口缝份，如图2-12所示。

（3）缝合左右肩缝，劈烫肩缝。

（4）绱领子。

①将领子与前身片的串口线处对齐，对准绱领点并用大头针别住，如图2-13所示。

图2-12　做领子

图2-13　大头针别住串口线

②勾缝门襟止口及领子的串口线处，在领口拐角处打剪口，如图2-14所示。

③如图2-15所示，将贴边的剩余部分与衣身片的领口粗缝固定；扣烫斜纱条边缘0.7cm，把斜纱条放到衣身片的后领口处，将领子及衣身片领口粗缝固定，然后缉缝领

图2-14 勾缝领串口

图2-15 缉缝领子剩余部分

子、衣身片与斜纱条。

④整理斜纱条，领口斜纱条缉0.1cm明线，斜纱条成品宽1cm，，领子与贴边接合处缉明线0.2cm，最后把领子与驳头整理熨烫，如图2-16所示。

图2-16　整理熨烫

三、立领

1. 款式图
立领款式如图2-17所示。

2. 款式说明
直立环绕颈部的领型，是立领的基本型。领子可宽可窄，领口也可变化。整体效果比较男性化，给人以精干、威严的感觉。缝制时如果面料较厚，领面样板的缝份应给出适当止口量。其缝制特点是领里缲领线缝份的手缭技法处理。

3. 裁剪
立领裁剪如图2-18所示。

图2-17　款式图

图2-18　裁剪

4.缝制工艺操作过程

（1）各裁片粘衬、锁边，如图2-19所示。根据面料决定领面粘衬或领里、领面全粘衬。

图2-19　粘衬、锁边

（2）做领子。将领里及领面正面相对，用大头针别住或手针粗缝固定，然后按净印线勾缝领子外口，注意起止点在净印线上。在领子圆角处打剪口，然后扣烫领里绱领线处的缝头和领子外口缝头。最后把领子翻向正面，整理熨烫领子外形，吐止口0.1cm，如图2-20所示。

（3）后身片收省，倒烫省缝；缝合前后身片左右肩缝，劈烫肩缝。

（4）绱领子。

①把领面的正面与身片的正面相对，各对位点对齐，用大头针别住，按0.7cm缝份绱领子，如图2-21所示。

（a）勾缝领子

图2-20

沿缝线扣烫领外口缝头

领里(反面)

扣烫领里下口缝头

熨烫领外口

领里(正面)

领面(反面)

（b）熨烫领子

图2-20 做领子

粗缝

机缝绱领线

领里(反面)

领面(反面)

后(正面)

前(正面)

图2-21 绱领面

②勾缝领嘴，缝至绱领点，然后在贴边的绱领点处打剪口。将领子、衣身片与贴边的缝头倒向领里、领面中间，整理熨烫，可以将领里的下口用大头针别在衣身片上，然后用细针把领里缭缝固定，最后整理熨烫，如图2-22所示。

图2-22　手缭绱领里

第二节　女衬衫的局部缝制工艺——袖开衩

一、袖开衩 A

1. 款式图
女衬衫袖开衩A款式如图2-23所示。

2. 款式说明
该袖开衩是女式衬衫常用的袖开衩，其特点是袖开衩的掩襟与袖开衩的贴边用同一片斜纱布制作而成。

3. 裁剪
（1）袖片袖开衩处裁剪，如图2-24（a）所示。裁剪袖片，并在袖开衩处作标记。

（2）袖开衩掩襟与袖开衩贴边的裁剪，如图2-24（b）所示。袖开衩掩襟与袖开衩贴边可以用横纱也可以用斜纱，宽约3.5cm，长约为袖开衩尺寸的两倍加两个缝份。

图2-23　款式图

图2-24 裁剪

4.缝制工艺操作过程

（1）方法一。

①在距袖开衩终止点0.3cm处打剪口，如图2-25所示。

②袖开衩掩襟、袖开衩贴边正面与袖片正面相对，将开衩处拉成一条直线，用细针码机缝，如图2-26所示。

图2-25 袖开衩开剪口

图2-26 绱袖开衩掩襟

③折烫袖开衩掩襟、袖开衩贴边，并将缝份包住缉0.1cm明线，如图2-27所示。

④在袖开衩终止位置，三次回针打结，然后向前袖侧倒烫，如图2-28所示。

（2）方法二。

①扣烫袖开衩条：将袖开衩条两边缝头都扣烫0.7cm，然后对折烫平，要求里比面多烫出0.1cm，如图2-29所示。

图2-27　缉缝袖开衩掩襟

图2-28　袖开衩打结

图2-29　扣烫袖开衩条

②缉袖衩：将袖开衩处剪开，然后把剪开的开衩拉开成直线，夹在袖开衩条面与里之间，在袖开衩条边缉0.1cm明线，如图2-30所示。

③封口打结：将袖子沿衩口正面对折，袖口平齐，在开衩上端部位（转弯处）向袖衩外口斜下1cm打回针封口，如图2-31所示。

图2-30　缉缝绱袖开衩掩襟

图2-31　封口打结

④熨烫：将前袖开衩条倒向前袖一侧，熨烫平整，如图2-32所示。

图2-32　熨烫

二、袖开衩 B

1. 款式图

女衬衫袖开衩B款式如图2-33所示。

图2-33　款式图

2. 款式说明

该袖开衩也是女式衬衫常用的袖开衩，其特点是只用一片袖开衩贴边制作而成。

3. 裁剪

（1）袖片的裁剪，如图2-34（a）所示。裁剪袖片，在袖开衩处作标记。

（2）袖开衩贴边的裁剪，如图2-34（b）所示。

图2-34 裁剪

4.缝制工艺操作过程

（1）袖开衩贴边粘衬，如图2-35所示。

（2）袖开衩贴边锁边，如图2-36所示。

图2-35 贴边粘衬   图2-36 贴边锁边

（3）袖开衩贴边正面与袖片正面相对，距开衩位置0.2cm用细针码机缝，并在开衩位置剪开，如图2-37所示。

（4）袖开衩贴边翻转到袖子反面，清剪缝份并熨烫平整，距开衩边0.1~0.2cm缉明线，如图2-38所示。

图2-37 机缝袖开衩贴边   图2-38 袖开衩缉明线

第三节　平领女衬衫的缝制工艺

一、款式图

平领女衬衫款式如图2-39所示。

图2-39　款式图

二、款式说明

此款平领女衬衫，其设计特征为：

衣身：直腰身、前身收腋下省、后身收肩省。

领子：属于平领结构，领外口镶有花边。花边根据宽窄、褶量的不同会给人不一样的视觉效果。

袖子：一片平面式半袖，袖口处外翻边，增添了活力。

三、裁剪

平领女衬衫的裁剪如图2-40所示。

四、缝制工艺工程分析及工艺流程

缝制工艺工程分析及工艺流程如图2-41所示。

图2-40 裁剪

图2-41　缝制工艺工程分析及工艺流程

五、缝制工艺操作过程

1. 前身贴边粘衬、各裁片锁边

根据布料薄厚适当选择粘合衬布；确认熨斗的温度，掌握压力、时间；熨烫时熨斗沿纱向方向动作，压实粘牢。根据面料厚度可以单层锁边，也可以在缝制过程中双层一起锁边，如图2-42所示。

图2-42 前身贴边粘衬、各裁片锁边

2. 前后身收省、烫省

收省时不要拉伸，打回针要牢固。熨烫省尖时，一定要把省尖处分散烫开，不可有褶裥现象，如图2-43所示。

回针　打结

缝过净印线0.5

前(反面)

（a）

烫馒头

倒向下摆　前(反面)

（b）

回针

倒向后中心　缝过净印线0.5

后(反面)

（c）

图2-43　前后身收省、烫省

3. 合肩缝、烫肩缝

将前后身肩缝正面相对，前肩在上、后肩在下，缝合肩缝，注意不要拉伸。然后分烫肩缝缝份，如果面料非常薄，可以合完肩缝后双层一起锁边，缝头倒向后身熨烫，如图2-44所示。

缝至净样线外0.5，起止点打回针

劈烫

袖烫板

后衣身
(正面)

左前衣身
(反面)

右前衣身
(反面)

图2-44　合肩缝、烫肩缝

4.做领子

（1）制作花边。把花边的一端卷缝或用专用锁边机锁边。在花边的一侧用大针码抽缝，然后根据领外口大小抽褶。将抽好的花边粗缝固定到领面的正面，如图2-45所示。

图2-45　制作花边

（2）勾缝领外口、翻烫领子，如图2-46所示。注意缝线应圆顺、吃势均匀准确，左右对称。然后，将领外口缝头清剪至0.5cm，再将领子翻向表面，整理熨烫，为使花边平服，在领面外口绱压0.1cm明线。

5.绱领子

将领子按照正确的层次关系与衣身片领口比齐，门襟贴边沿止口线反折，并且把斜纱条沿领口放上使之稍带松量，然后沿绱领线绲缝，缝至肩部时稍稍拔开，如图2-47所示。清剪领口处缝头剩0.5cm或0.6cm。而后用斜纱条包住领口细针缭缝或用机缝，缝透衣身片，注意衣身片不要有褶皱现象，斜纱条成品宽为0.7cm，如图2-48所示。

图2-46 领面压明线并整烫领子

图2-47 机缝绱领子

图2-48 斜纱条缭缝或机缝

6.做袖子

核对袖山吃量，抽袖山；缝合袖底缝、劈烫袖底缝；整理熨烫袖口外翻边，然后机缝，最后固定袖口外翻边，如图2-49所示。

图2-49 做袖子

7. 缝合、劈烫侧缝

缝合侧缝，劈烫侧缝。

8. 绱袖子、缉门襟与下摆明线

再次确认袖山与袖窿的尺寸，比齐对位点，沿袖窿缉线一圈，在袖窿底部因着装时受力较大，因此在袖窿底部缝双道线。绱完后的袖窿缝头双层一起锁边。注意左右袖应吃势均匀对称。确认下摆折边及左右门襟长度，勾缝门襟下摆两端，门襟贴边的松度适中，翻转门襟下摆两端，整理熨烫门襟及下摆，缉门襟明线0.1cm，缉下摆明线1.5cm，最后整烫下摆，如图2-50所示。

9. 锁眼、钉扣、整烫

把门襟熨烫平整，画扣眼位置锁扣眼，然后整烫，钉扣，如图2-51所示。

图2-50 绱袖子、缉门襟与下摆明线

图2-51 锁眼、钉扣、整烫

六、质量检验方法

1.主要部位尺寸规格

（1）衣长、袖长符合尺寸规格要求。

（2）胸围、领围符合尺寸规格要求。

（3）肩宽符合尺寸规格要求。

（4）领子大小、袖口大小符合尺寸规格要求。

2.缝制工艺

（1）平领女衬衣衫缝制工序正确、完整。

（2）前门襟：左右前门襟长度相等、缉线顺直。

（3）领子：绱领要正、要平；领子左右对称；领面纱向顺直、不紧、不吃，花边抽褶均匀美观；领面缉线圆顺、流畅、牢固；领里制作平展、规范合理。领口斜纱条制作平展、宽窄一致、层次规范合理。

（4）袖子：两只袖子位置、吃势对称、符合造型要求；袖口外翻边制作方法正确、松度合理美观。

（5）下摆：明线走向正确，缉线顺直漂亮。

（6）手工：钉扣结实，符合规范要求。

3.其他

（1）外观造型：外形美观大方、各部位造型准确；成品整洁、表面平服；工艺处理得当、能给人舒适感。

（2）线迹：线迹顺直、针距适当、无跳线现象。

第四节　翻领女衬衫的缝制工艺

一、款式图

翻领女衬衫款式如图2-52所示。

二、款式说明

外轮廓呈直腰身，翻领，长袖，整体是一款基本型女衬衫。右门襟开7个扣眼，前身左右各收腋下省1个，后身左右肩省各收1个。装袖、袖口开衩抽碎褶、装袖头。它可以作为罩衫罩在下装外面穿着，也可以把底摆放在下装里面穿着。如果改变领型与袖长即可改变款式造型。

图2-52 款式图

适用的材料为棉（泡泡纱、牛津布、细平纹布、条格面料）、麻、化纤织物、薄形毛料等，同时可根据配套的裙子或裤子进行颜色、花纹的选择。

三、裁剪

女衬衫裁剪如图2-53所示。

图2-53 裁剪

四、缝制工艺工程分析及工艺流程

缝制工艺工程分析及工艺流程如图2-54所示。

图2-54　缝制工艺工程分析及工艺流程

五、缝制工艺操作过程

1.领里、袖头、贴边粘衬

根据布料薄厚适当选择衬布；确认熨斗的温度，掌握压力、时间；熨烫时熨斗沿纱向方向动作，压实粘牢。衬的粘贴方法是：把黏合衬带胶粒的一面粘在各片裁片的反面，注意衬与裁片的纱向，可垫上纸用熨斗压烫，各部位受力应均匀，如图2-55所示。

图2-55 粘衬

2.收省、各裁片锁边

衬衫因其面料较薄，可以收省后再锁边，这样具有整洁感。根据面料厚度可以单层锁边，也可以在缝制过程中双层一起锁边。收前衣身片腋下省和后身片肩省，然后烫倒省缝；前后衣身片肩、侧缝、贴边、袖底缝处锁边，如图2-56所示。

3.缉合左右肩缝

按净样线缝合左右肩缝，注意不要拉伸，然后分烫肩缝，如图2-57所示。

4.做领子

（1）勾领子。首先确认领里和领面，对位记号应齐全；将领里和领面正面相对，可以领面在上，也可以领里在上；然后在领面净样线处用大头针固定外领口或手针粗缝领

图2-56 收省、锁边

里、领面外口，检查左右吃势是否对称，最后在领面净样线外0.2cm处机缝领外口，如图2-58所示。

缝至净样线外0.5，起止点打回针

劈烫

袖烫板

后衣身（正面）

左前衣身（反面）

右前衣身（反面）

图2-57　缉合左右肩缝

领里(反面)

1

0.8

0.8

1

领面

1

1

领里(正面)

手针粗缝

领面(反面)

领里(正面)

按净样外0.2处勾缝

领面(反面)

图2-58　勾领子

（2）清剪、翻烫领子。领外口缝份清剪剩0.5cm，剪去领尖，将领外口缝份分开熨烫，然后将领子翻向正面整理熨烫，领外口吐止口0.1cm。如图2-59所示。

（3）手针固定翻折量、领面打剪口、扣烫缝份。领面在下，向上折转领子，手针固定翻折量；在领子颈侧点前1~1.5cm处打剪口，扣烫剪口之间的缝份，如图2-60所示。

图2-59　翻烫领子　　　　　　　　　　　图2-60　扣烫缝份

5. 绱领子

（1）将做好的领子领面在上，放到衣身片领口的正面，对齐对位记号，然后机缝绱领子，如图2-61所示。

（2）将贴边肩缝处的缝份扣烫，沿前门襟折叠贴边与衣身正面相对，按净样线机缝贴边、领子与衣身，缝至领面剪口处，如图2-62所示。

（3）清剪缝份、开剪口。首先清剪缝份剩0.5~0.6cm；在做领子时确定领面的剪口位置，将贴边、领里、衣身的此位置也打剪口，如图2-63所示。

领里、领面、衣身一起缝合

避开领面，领里与衣身缝合

领面(正面)

前衣身(正面)

后衣身(正面)

图2-61 机缝绱领子

对齐对位记号，按净样线缝合，
缝至领面剪口处

领面(正面)

前衣身片
(正面)

后衣身(正面)

图2-62 缝合门襟贴边

清剪缝份剩0.6，然后，打剪口

领面(正面)

前衣身片
(正面)

后衣身片(正面)

图2-63 领口处打剪口

（4）领面压明线。将领里、衣身及贴边的缝份塞进领里与领面之间，把领面下口与身片的净样线对合，看领面缉0.1～0.2cm明线。缭缝贴边与衣身的肩缝处；贴边的领口处根据个人审美可缉压0.2cm明线，如图2-64所示。

图2-64 领面压明线

6. 缝合侧缝

按净样线缝合侧缝，然后把缝份劈开熨烫，如图2-65所示。

图2-65 缝合侧缝

7. 折缝下摆

勾下摆两端；清剪下摆两端；翻转扣烫下摆折边，缉下摆明线0.2cm，如图2-66所示。

图2-66 折缝下摆

8. 做袖子、绱袖头

（1）抽缝、袖山袖口。制作衬衫时衣袖抽袖山可以抽一道线，也可以抽两道线；可以用手针缝线抽缝也可以用机器放大针距缝线抽缝，如图2-67所示。

图2-67 抽缝袖山、袖口

（2）绱袖克夫。首先沿净样线折烫袖开衩处的缝份，把袖克夫与袖子正面相对，按净样线绱袖克夫面；勾缝袖克夫两端及搭门处；把袖子及袖克夫的缝份塞进袖克夫的里面之间，将袖克夫里与袖子手针缭缝，如图2-68所示。

图2-68　绱袖克夫

（3）合袖底缝、抽烫袖山。缝合左右袖子的袖底缝，分缝熨烫袖底缝；袖开衩压0.2～0.5cm明线。确认袖山与袖窿的尺寸，抽缩袖山缩缝量，然后熨烫袖山缝份使之定型，如图2-69所示。

9. 绱袖子

将袖子与衣身正面相对，对齐袖山点与肩缝、袖底缝与侧缝及前后袖窿的对位记号，然后手针粗缝或大头针固定；试装，确认袖子的前后位置、袖山吃量的分配是否合理，是否符合款式要求和工艺要求后开始机缝绱袖子；缝线要缉牢而且圆顺。左右袖的制作效果应对称一致，如图2-70所示。

10. 袖窿锁边

袖子绱好确认无误后，将袖窿双层一起锁边，然后熨烫袖窿缝份，使之平展，如图2-71所示。

11. 锁眼、钉扣、整烫

使用锁眼机锁扣眼时针迹一定要细密，锁缝起止点要稍微重叠一小段。面料易脱纱时，要在扣眼正中间处机缝一道。扣眼大小要一致，位置要准确，钉扣要牢。最后，把缝制过程中熨烫不定型之处熨烫平服定型；再从左前身至右前身的顺序进行整烫，如图2-72所示。

图2-69　合袖底缝、抽烫袖山

图2-70　绱袖子

领面(正面)

前衣身片
(反面)

缉0.2明线

图2-71 袖窿锁边

锁眼位置及大小的确定方法

纽眼宽0.3

右前衣身片

0.2

纽扣厚度
+
纽口直径

前中心 门襟止口

（a）

（b）

图2-72 锁眼、钉扣、整烫

六、质量检验方法

1. 主要部位尺寸规格

（1）衣长、袖长符合尺寸规格要求。

（2）胸围、领围符合尺寸规格要求。

（3）肩宽符合尺寸规格要求。

（4）领子大小、袖口大小符合尺寸规格要求。

2. 缝制工艺

（1）翻领女衬衫缝制工序正确规范、完整、工艺设计效率高。

（2）前门襟：左右前门襟长度相等、熨烫平整顺直。

（3）领子：绱领要正、要平；领子左右对称；领面纱向顺直、不紧、不吐里；领面缉线顺直、牢固；领里制作平展、规范合理。

（4）袖子：两只袖子对称、符合造型要求；袖开衩制作方法正确、工序完整、美观。

（5）手工：钉扣结实，其他手工部位制作美观、符合规范要求。

3. 其他

（1）外观造型：美观大方，各部位造型准确；成品整洁，表面平服；工艺处理得当，能给人舒适感。

（2）线迹：线迹顺直，针距适当，无跳线现象。

（3）服装正反面整洁，符合规范要求。

第三章 男衬衫缝制工艺

第一节 男衬衫的局部缝制工艺

一、衣领

1. 款式图

男衬衫衣领款式如图3-1所示。

图3-1 衣领款式图

2. 款式说明

此款领型是由翻领和领座组成的封闭式领子。翻领外口、领座一周压明线，明线可以是单明线，也可以是双明线，明线宽度可以宽，也可以窄，要求明线宽窄一致。绱领方法为：座领外口夹着翻领进行机缝，翻领绱到前中心终止；然后领座夹着衣身片领口绱领座，领座绱到前门止口终止。此款衣领是男式衬衫常用的领型之一。

3. 裁剪

（1）面布的裁剪，如图3-2所示。

（2）衬布的裁剪，如图3-3所示。

4. 缝制工艺工程分析及工艺流程

缝制工艺工程分析及工艺流程如图3-4所示。

5. 缝制工艺操作过程

（1）左右门襟、翻领面、座领面、领座里粘衬，如图3-5所示。

图3-2　面布的裁剪

（a）

图3-3　衬布的裁剪

图3-4　缝制工艺工程分析及工艺流程

图3-5　粘衬

（2）折烫左右前门襟，如图3-6所示。

（3）缉左右前门襟明线，如图3-7所示。

图3-6　折烫前门襟

（4）缝合左右肩缝，如图3-8所示。

（5）清剪左右前肩缝份至0.3cm，折烫后肩缝份，然后将左右肩缝份向前烫倒，如图3-9所示。

图3-7　缉前门襟明线

图3-8　缝合肩线

图3-9　清剪、烫倒肩缝

（6）缉左右肩缝明线，如图3-10所示。

图3-10　缉肩缝明线

（7）做翻领。

①在翻领面的反面粘衬，画净样线，如图3-11所示。

图3-11　翻领面粘衬、画净样线

②将翻领面、里裁边对齐，用手针固定翻领面与翻领里，领面在领角处给一定的松量，领里在领角处略拉紧，使领角产生窝势；然后沿翻领正面净样线外侧按0.6cm缝份机缝领外口，如图3-12所示。注意：如果面料较厚，或翻领里粘衬，可在翻领里的反面画净样线，机缝翻领时，沿翻领里净样线内侧按0.6cm缝份机缝领外口。

③清剪缝份，翻烫领子。清剪翻领缝份，缝头剩0.3～0.4cm，扣烫、翻转至领正面，并熨烫，翻领面吐0.1cm的止口量，把翻领角烫出窝势，如图3-13所示。

④缉翻领明线。翻领缉0.5cm明线，明线不许有重线接头，一次性缉好，再把领子翻折，留出翻领面翻折需要的余量，然后固定翻领面和翻领里，如图3-14所示。

图3-12　缝合翻领面和翻领里

图3-13　烫翻领

图3-14　缉翻领明线

（8）按净样线，折烫领座面绱领线缝份，如图3-15所示。

图3-15　折烫领座面缝份

（9）按0.5cm缉明线，机缝固定领座面绱领线缝份，如图3-16所示。

图3-16 领座面缉明线

（10）领座与翻领缝合。

①用领座面、里夹住翻领，用0.7cm缝份缝合领座与翻领，注意翻领绱至领座前中心绱领终止处，如图3-17所示。

图3-17 领座与翻领缝合

②熨烫领子，如图3-18所示。

图3-18 熨烫领子

③缉绱翻领明线，如图3-19所示。

图3-19 缉绱翻领明线

（11）绱领子。

①比对衣身片领口线与领座绱领线的长度，将领座与衣身片领口对位点对齐，绱领座里，然后清剪缝份，熨烫领子，如图3-20所示。

图3-20 绱领子

②缉明线，绱领座面。缉缝明线时，不要缝出斜褶，领里、领面要平服，如图3-21所示。

图3-21 缉明线、绱领座面

（12）整烫定型。绱完领子后，熨烫平整，最后锁眼钉扣。

6. 质量检验方法

（1）前后身片、门襟与表里翻领、表里座领等各部位尺寸规格符合局部制作要求，各裁片纱向正确。

（2）缝制工艺。

①翻领中心与座领中心要吻合，座领下口线与身片领口要吻合、平服，结构合理。

②绱领后，领窝平服，领口左右对称，不歪斜，松紧适宜，不吃、不拉、不打褶。

③领子正，左右两边对称，领角大小一致、有窝势，不反翘、不反吐；翻领自然翻折后不露座领。

④所有明线顺直、流畅，明线无断接现象。

（3）其他。

①外观：领子自然、外形美观。

②线迹：各部位线迹顺直、针距适当，无跳线现象。

③整烫：整烫平整、无烫黄、烫焦现象，无水花。

二、袖开衩

1. 款式图

男衬衫袖开衩款式如图3-22所示。

图3-22　款式图

2. 款式说明

此款袖开衩是男式衬衫常用的袖开衩之一，由掩襟和袖牌构成。掩襟为长方形状，袖牌为宝剑头形状，并且掩襟、袖牌都压有明线，明线可以是单明线，也可以是双明线，明线宽度可以宽，也可以窄，要求明线宽窄一致。

3.裁剪

（1）面布的裁剪如图3-23所示。

图3-23　面布的裁剪

（2）衬布的裁剪如图3-24所示。

图3-24　衬布的裁剪

4.缝制工艺工程分析及工艺流程

缝制工艺工程分析及工艺流程如图3-25所示。

图3-25 缝制工艺工程分析及工艺流程

5. 缝制工艺操作过程

（1）袖克夫面布、袖牌粘衬，如图3-26所示。

（2）折烫袖牌、掩襟，如图3-27所示。

（3）分别缉袖牌、掩襟一侧明线，如图3-28所示。

图3-26 粘衬

图3-27 折烫袖牌、掩襟

图3-28 缉袖牌、掩襟明线

（4）做袖开衩标记，打剪口，折烫三角部分，如图3-29所示。

图3-29　打剪口、折烫三角

（5）缏掩襟，如图3-30所示。

图3-30　缏掩襟

（6）缏袖牌，如图3-31所示。

（7）熨烫袖开衩及折袖口活褶，如图3-32所示。

图3-31　绱袖牌

图3-32　熨烫袖口褶

（8）做袖克夫。

①按净样线折烫袖克夫里布一侧缝份，如图3-33所示。

图3-33　折烫袖克夫里布

②缝合袖克夫里布、面布，如图3-34所示。

图3-34　缝合袖克夫

③熨烫袖克夫，如图3-35所示。

图3-35　熨烫袖克夫

（9）绱袖克夫，如图3-36所示。

（10）缉袖克夫明线，如图3-37所示。

图3-36　绱袖克夫

图3-37　缉袖克夫明线

（11）整烫定型。

6.质量检验方法

（1）袖口开衩长度、掩襟宽度、袖牌宽度、袖克夫长度与宽度、明线宽度等各部位尺寸规格符合局部制作要求，各裁片纱向正确。

（2）缝制工艺。

①袖克夫长与袖口要吻合，袖开衩平服，工艺结构合理。

②掩襟、袖牌、袖克夫宽度左右要一致，克夫平整不反翘、不反吐。

③所有明线顺直、流畅、且宽窄一致，明线无断接现象。

（3）其他。

①外观：袖开衩自然、外形美观。

②线迹：各部位线迹顺直、针距适当，无跳线现象。

③整烫：整烫平整、无烫黄、烫焦现象、无水花。

第二节　男衬衫的缝制工艺

一、款式图

男衬衫款式如图3-38所示。

图3-38　款式图

二、款式说明

此款基本型男式衬衫，其设计特征为：

衣身：直腰身，圆下摆，左右胸分别各有一个贴袋，肩部横向分割设计，双层过肩，后背中心线有一个活褶，可变换纱向的非连衣身片前门襟是这件衬衫的亮点。

领子：领座与翻领分开的翻立式尖领。

袖子：一片袖，袖口用袖克夫收袖口，袖开衩是绱袖牌和掩襟的袖开衩。

三、裁剪

1.面布的裁剪

面布的裁剪如图3-39所示。

排版注意事项：

排料一般掌握"一套、两对、三先三后"的基本要点。一套：凸套凹；两对：直对直、斜对斜；三先三后：先排大片后排小片、先排主片后排辅片、先排表衣片后排贴边。

（a）

（b）

图3-39　面布的裁剪

2. 衬布的裁剪

衬布的裁剪如图3-40所示。

前衣身片门襟衬(一片)

翻领面布衬(一片)

领座里布衬(两片)

袖克夫面布衬(两片)

左右袖牌衬(两片)

图3-40　衬料的裁剪

四、缝制工艺工程分析及工艺流程

缝制工艺工程分析及工艺流程如图3-41、表3-1所示。

五、缝制工艺操作过程

1. 粘衬

根据布料薄厚适当选择衬料；确认熨斗的温度，掌握压力、时间；熨斗沿纱向方向动作，压实粘牢，如图3-42所示。

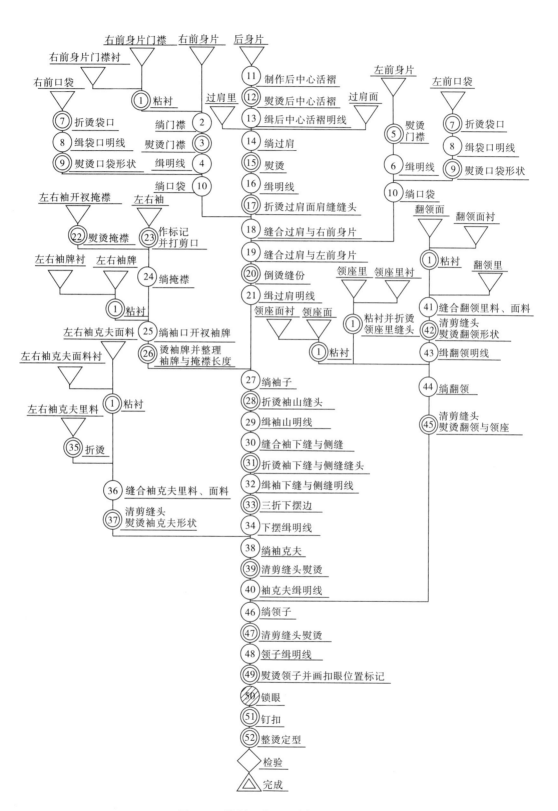

图3-41　缝制工艺工程分析及工艺流程

表3-1 工程记号说明

工程	记号	内容
加工工程	○	平缝机加工工程
	◍	特种机加工工程
	◎	熨斗、手工加工工程
	◉	整烫机、黏合机加工工程
检查工程	◇	品质检查工程
停滞工程	▽	裁片、部件停滞工程
	△	完成品停滞工程

右前衣身片门襟反面粘衬

翻领面布反面粘衬

领座面料、里料反面粘衬

袖克夫面料反面粘衬

左右袖牌反面粘衬

图3-42 粘衬

2. 制作前门与贴边

该款男式衬衫与基本型男式衬衫缝制方法基本相同。只是门襟不同，基本型男式衬衫左侧门襟在上；本款男式衬衫右侧门襟在上。注意前门明贴边须平展不可有斜缕，如图3-43所示。

图3-43 制作前门与贴边

3. 扣烫口袋

先折烫袋口，缉袋口明线；然后按净样线，折烫袋布周边缝份；袋口处清剪缝份，向内折进两端缝份，如图3-44所示。

图3-44 制作口袋

4. 缉口袋

袋布在前身片上平展定位，与前中心线平行；缝纫时首尾回针，明线宽窄须一致，如图3-45所示。

图3-45　�169口袋

5. 折缝后中心线活褶

先按照活褶宽度合缝，之后压烫活褶，使其左右平均；明线也是正面的装饰线，须宽窄一致，如图3-46所示。

图3-46　制作后中心活褶

6. 缝后过肩

用两层过肩夹起后衣身片，对齐两端及后中心线对合点，同时缝合，如图3-47所示。

7. 后过肩缉明线

沿缝后过肩线将过肩面料翻折，正面朝上，距翻折线0.1cm缉明线；比净样线多出0.2cm，折烫后过肩的肩缝份，如图3-48所示。

图3-47 绱后过肩

图3-48 后过肩缉明线

8. 缝合前后肩缝

缝合前后肩缝时，先合缝过肩里料与前衣身肩缝，缝份向后烫倒；用过肩面料压住前衣身片肩缝处，压缝0.1cm明线，因预留的是0.2cm的缝份，从反面看即得到一条下炕线；下炕线应距边一致，如图3-49所示。

图3-49　缝合前后肩缝

9. 制作袖开衩

袖开衩须平展无毛露，对合时平服，检验时对比左右长短、宽窄一致。

（1）制作袖牌，如图3-50所示。

图3-50　制作袖牌

（2）制作袖掩襟，如图3-51所示。

图3-51 制作袖掩襟

（3）开袖衩剪口，如图3-52所示。

图3-52 开袖衩剪口

（4）缉袖掩襟，如图3-53所示。

（5）缉袖牌，如图3-54所示。

图3-53　缭袖掩襟

图3-54　缭袖牌

（6）熨烫袖开衩，如图3-55所示。

10. 缭袖子

对好对合点，先将袖子与袖窿缝合在一起；清剪衣身片袖窿缝份，开剪口；从反面折起袖山缝份，包裹袖窿缝份，用0.1cm明线将袖山缝份压缝在衣身片上，如图3-56所示。

11. 合侧缝、折下摆

第一道线，合侧缝与袖底缝，或清剪后衣身片缝份，或错开缝份合缝，使前衣身侧缝的缝份大于后衣身侧缝的缝份；缝第二道线，用前衣身片侧缝的缝份包裹后衣身片侧缝的缝份，缝份向后倒，缉缝0.1cm明线。折烫下摆，用二折缝缭缝0.1cm明线，如图3-57所示。

右袖
(反面)

0.1

折线以上0.1cm处缉缝明线

袖牌
(反面)

掩襟
(反面)

袖衩口

图3-55 熨烫袖开衩

前衣身片
(反面)

0.1

缂袖缝纫线

折扣缝份压缝

用袖山缝份
包住袖窿缝份

过肩里布(正面)

右袖
(反面)

缝份倒向身片一侧

缂袖时在袖窿一侧缝份上打剪口

后衣身片
(反面)

图3-56 缂袖子

用前袖片缝份包缝后袖片缝份

右前衣身片
（反面）

缝份倒向后衣身片
包折后衣身缝份压缝

0.1

0.1

三折缝纫

图3-57　合侧缝、折下摆

12. 做袖克夫

（1）整理袖口褶，如图3-58所示。

右袖
（正面）

用熨斗折烫袖褶

（反面）

图3-58　折烫袖口褶

（2）折烫袖克夫里布，使袖克夫里布大出净样线0.1cm；并比对袖克夫面布、里布，如图3-59所示。

（3）勾缝袖克夫面布、里布。勾缝袖克夫时，注意留出克夫面布的止口与松量，如图3-60所示。

（4）熨烫袖克夫，袖克夫面布吐出0.1cm止口量，如图3-61所示。

图3-59 折烫袖克夫里布

图3-60 缝合袖克夫面布、里布

图3-61 熨烫袖克夫

13. 绱袖克夫

先绱袖克夫面布,之后翻转,缉袖克夫明线,绱袖克夫里布。

(1)绱袖克夫面布,如图3-62所示。

(2)缉袖克夫明线,绱袖克夫里布,如图3-63所示。

第一道明线距边为0.1cm,要求缝住袖克夫里布。第二道明线为装饰线,距边为0.6cm,两明线相距0.5cm,要求压住袖克夫里布、面布缝份,明线宽窄要均匀一致。

图3-62 绱袖克夫

图3-63 缉袖克夫明线,绱克夫里料

14. 做领子（与局部制作的方法不同）

（1）勾缝领子，如图3-64所示。

图3-64　缝合翻领面、翻领里

在翻领里布的反面画净样线，勾缝翻领时，翻领面布在下，翻领里布在上，留出翻领面料的翻折余量及止口量；尤其注意翻领面布角的余量。

（2）清剪缝份，翻烫领子，缉翻领明线，并用手针固定翻领面布余量，如图3-65所示。

图3-65　烫翻领，缉翻领明线

（3）扣烫领座里布缝份，并缉0.5cm明线，如图3-66所示。

领座里布(反面)

领座里布(反面)

0.5

图3-66 扣烫领座里布并缉明线

（4）合缝翻领与领座，如图3-67所示。

合缝翻领与领座时留出左右领台。翻领与领座需比对左右形状，一致方可。

领座里布(反面)   0.7

翻领面布(正面)

图3-67 翻领与领座

（5）熨烫领子，并缉0.5cm明线，如图3-68所示。

翻领面布(正面)

领座里布(正面)

翻领面布(正面)

0.5

领座里布(正面)

图3-68 熨烫领子并缉明线

15. 缝领子（与局部制作的方法不同）

（1）缝领座面布。先缝领座面布，对齐各部位剪口，使领子不偏斜。两端领台与搭门务必对齐，左右前领座宽度一致，如图3-69所示。

图3-69　缝领座面布

（2）缝领座里布，缉领座明线。缝领座里布时，将下面的领座面布铺平，对正剪口，若有错位极易出现斜缕。缝领后应保持领子平展，如图3-70所示。

图3-70　缝领座里布、缉明线

16. 锁扣眼、钉扣子

（1）确定扣眼的大小以及扣眼、扣子的位置。扣眼的大小由纽扣的直径和厚度来确定。另外，钉扣位置在扣眼中央，或距扣眼上端向下0.2~0.3cm（一线脚宽度）。这是考虑了钉扣线脚在扣眼内滑动的因素，如图3-71所示。

扣子直径+扣子厚度

钉扣位置

钉扣位置

0.2~0.3

图3-71 确定扣眼、纽扣位置

（2）锁扣眼、钉纽扣，如图3-72所示。

锁扣眼

图3-72 锁扣眼、钉纽扣

17. 整烫定型

　　将衬衫平放在烫台上，选用用适当的熨烫工具，用熨斗将各部位整烫平展即可。熨烫不耐高温的面料所制作的衬衫时，应在熨斗与衣服之间垫上一层烫布。

六、质量检验方法

1. 主要部位尺寸规格

（1）衣长、袖长符合尺寸规格要求。

（2）胸围、领围符合尺寸规格要求。

（3）肩宽符合尺寸规格要求。

（4）领子大小、袖口大小、口袋大小符合尺寸规格要求。

2. 缝制工艺

（1）基本型男衬衣缝制工序正确、完整。

（2）前门襟：左右前门襟长度相等、缉线顺直。

（3）口袋：两贴袋造型准确、左右对称；袋口平服、松紧适宜；缉线顺直、两端封结牢固对称。

（4）领子：绱领要正、要平；领子左右对称；领面纱向顺直、不紧、不吐里；领面缉线顺直、牢固；领里制作平展、规范合理。

（5）袖子：两只袖子对称，符合造型要求；袖开衩制作方法正确、工序完整、美观。

（6）手工：钉扣结实符合规范要求。

3. 其他

（1）外观造型：外形美观大方，各部位造型准确；成品整洁，表面平服；工艺处理得当，给人舒适感。

（2）线迹：线迹顺直，针距适当，无跳线现象。

第四章　裙子缝制工艺

第一节　裙子的局部缝制工艺——裙开衩

一、裙开衩 A

1. 裙开衩 A 款式图

裙开衩A款式如图4-1所示。

图4-1　裙开衩A款式图

2. 款式说明

裙开衩是裙子、连衣裙的常用开衩，其特点是裙开衩带有掩襟，且裙开衩的掩襟面、掩襟里与左后裙片连裁，裙开衩的贴边与右后裙片连裁，裙开衩的长度可以自由确定，裙开衩的位置可以在后中心线也可在其他位置，一般在裙子或连衣裙的后中心线。

3. 裁剪

（1）裙片面布的裁剪，如图4-2所示。

图4-2　面布的裁剪

（2）裙片里布的裁剪，如图4-3所示。

图4-3　里布的裁剪

4.缝制工艺操作过程

（1）裙片面布底摆锁边，如图4-4所示。

图4-4 底摆锁边

（2）裙片面布后中心开衩处反面粘衬，有些薄面料不用粘衬，如图4-5所示。

图4-5 开衩处粘衬

（3）将左右后裙片面布正面相对，缝合后中心线至开衩终止处，机缝首尾要回针，如图4-6所示。

（4）将左后裙片面布与裙开衩掩襟正面相对，右后裙片面布与裙开衩贴边正面相对，并折烫下摆，缝合后中心线左右开衩处下摆，如图4-7所示。

图4-6　缝合后中心　　　　　　　　　图4-7　缝合开衩处下摆

（5）首先翻烫后中心线开衩下摆处，将多余缝份清剪；然后对合好裙开衩掩襟与裙开衩贴边，在裙开衩终止位置机缝，固定开衩终止处。此道工序也可以与后中心线缝合一起完成，如图4-8所示。

（6）左裙片开衩掩襟缝份折转处打剪口，劈烫后中心线缝份，并用手针暗缭裙片面布下摆，如图4-9所示。

图4-8　翻烫、固定开衩处　　　　　　图4-9　裙左片面布打剪口

（7）折烫左右后裙片里布下摆边，如图4-10所示。

（8）三折左右后裙片里布下摆边后，距折边0.1cm缉缝明线，如图4-11所示。

（9）将左右后裙片里布正面相对，缝合后中心线至开衩终止处，缝线首尾回针，如图4-12所示。

图4-10 折烫下摆   图4-11 缉明线

（10）熨烫后裙片里布后中心线及开衩处，并在右后裙片里布开衩拐弯处打剪口，如图4-13所示。

图4-12 缝合里布后中片

图4-13 里布打剪口

（11）对合好面布和里布裙片，如图4-14所示。

（12）缝合裙片里布和面布，有三种方法可将裙片里布后中心线开衩处与裙片面布后中心线开衩处固定。

①方法一：掀开裙片面布和里布，用缝纫机暗缝开衩处里布与面布缝份，如图4-15所示。

②方法二：让开裙片面布，直接在开衩处里布面上缉0.1cm明线，如图4-16所示。

图4-14 对合面布、里布

图4-15 暗缝开衩处

图4-16 开衩处缉明线

③方法三：手针缭缝，如图4-17所示。

（13）用三角手针缭缝开衩下摆处，如图4-18~图4-20所示。

图4-17 手针缭缝

图4-18 三角针缭缝（一）

图4-19 三角针缭缝（二）

图4-20 三角针缭缝（三）

（14）整烫定型。对齐开衩合口位置，用熨斗从正反两面熨烫平展。熨烫正面时，可在裙片开衩上下两层的中间夹垫一片硬纸片，避免烫出下层痕迹。

二、裙开衩 B

1. 裙开衩 B 款式图
裙开衩B款式如图4-21所示。

2. 款式说明
该裙开衩形式也是裙子、连衣裙的常用方法，其特点是裙开衩没有掩襟，且裙开衩的贴边与后裙片连裁，裙开衩的长度可以自由确定，裙开衩的位置可以在后中心线也可在侧缝等其他位置。

3. 裁剪
（1）裙片面布的裁剪，如图4-22所示。
（2）裙片里布的裁剪，如图4-23所示。

4. 缝制工艺操作过程
（1）后裙片面布底摆锁边，如图4-24所示。
（2）作标记，并将下摆多余部分剪掉，如图4-25所示。

图4-21 裙开衩B款式图

图4-22 面布的裁剪

图4-23 里布的裁剪

图4-24　锁边　　　　　　　　　　　图4-25　剪掉下摆多余部分

（3）裙片面布后中心线开衩处贴边的反面粘衬。有些薄面料或特别厚的面料不用粘衬，如图4-26所示。

（4）将左右后裙片面布正面相对，缝合后中心线至开衩终止处，机缝首尾回针，如图4-27所示。

图4-26　粘衬　　　　　　　　　　　图4-27　缝合后中线

（5）缝合左右后裙片面布开衩处下摆角，如图4-28所示。

（6）劈烫后中心线，并熨烫开衩处下摆角，将下摆角熨烫美观，如图4-29所示。

（7）缝合左右后裙片里布中心线。缝合后中心线时，先在后中心的净样线上手针缭

图4-28 缝下摆角

图4-29 烫后中心和下摆角

缝固定，然后距净样线0.3cm，在后中心线缝份侧机缝，如图4-30所示。

（8）在左右后裙片里布下摆开衩处打剪口，如图4-31所示。

图4-30 缝合里布中心   图4-31 里布打剪口

（9）倒烫后中心线缝份，并折烫后中心开衩处缝份，左右后裙片里布后中心缝份向右侧倒烫，并折烫后中心开衩处缝份，如图4-32所示。

（10）折烫下摆，并拆除后中心线处的手缝线，如图4-33所示。

（11）后裙片里布下摆边三折缝，如图4-34所示。

（12）对合好裙片面布和里布，如图4-35所示。

（13）缝合裙片面布和里布，有三种方法将裙片里布后中心线开衩处与裙片面布后中

图4-32 烫里布后中心及开衩处

图4-33 折烫里布下摆

图4-34 里布三折缝

图4-35 对合面布里布

心线开衩处固定。

①方法一：掀开裙片面布和里布，用缝纫机暗缝开衩处里布与面布缝份，如图4-36所示。

②方法二：让开裙片面布，直接在开衩处里布面上缉0.1cm明线，如图4-37所示。

③方法三：手针缭缝，如图4-38所示。

用三角手针缭缝开衩下摆处，如图4-39~图4-41所示。

（14）整烫定型，方法同前。

图4-36 暗缝开衩处

图4-37 缉缝开衩处

图4-38 缭缝开衩处

图4-39 三角针缭缝

图4-40 三角针缭缝

图4-41 三角针缭缝

第二节 裙子的局部缝制工艺——拉链

一、普通绱拉链方法A

1.款式图

普通绱拉链方法A如图4-42所示。

2.款式说明

普通绱拉链的方法A常被裙子、连衣裙使用，其特点是绱拉链处面布正面缉有明线。拉链的长度一般是从腰围线至臀围线下2cm处，拉链的位置一般在后中心线，也可在侧缝处。普通绱拉链方法A的工艺特点是先将拉链绱在面布上，然后用手针缭缝将里布固定。

3.裁剪

（1）裙片面布的裁剪，如图4-43所示。

（2）裙片里布的裁剪，如图4-44所示。

4.缝制工艺操作过程

（1）裙片面布锁边，如图4-45所示。

（2）右后裙片面布反面绱拉链处粘衬，有些密实的面料不用粘衬，如图4-46所示。

图4-42 款式图

图4-43 面布的裁剪

图4-44　里布的裁剪

图4-45　锁边

图4-46　粘衬

（3）将左右后裙片面布正面相对，从下至上用小针迹缝合后中心线至拉链终止处，然后回针，接着用大针迹临时缝合完后中心线，如图4-47所示。

图4-47　缝合后中心

（4）劈烫后中心线，并将左侧缝份折烫出0.3cm，如图4-48所示。

图4-48　劈烫后中心线

（5）用手针将拉链在左侧缝份上固定，如图4-49所示。

（6）使用缝纫专用压脚——单面压脚，将拉链与左侧缝份机缝固定，如图4-50所示。

（7）拆除手缝线，如图4-51所示。

（8）用手针将拉链与右后裙片及其缝份固定，如图4-52所示。

（9）缉缝拉链明线，明线宽为1cm，如图4-53所示。

（10）拆除手缝线及大针迹机缝线，如图4-54、图4-55所示。

图4-49　手针固定拉链

图4-50　机缝固定拉链

图4-51　拆除手缝针

图4-52　手针固定拉链与右后裙片

图4-53　缉明线

图4-54　拆除手缝线

图4-55　拆除机缝线

（11）在左右缝份上固定拉链边，如图4-56所示。

图4-56 固定拉链边

（12）手针固定左右裙片里布。距拉链终止点1.5～2cm，沿净样线用手针将左右裙片里布固定，如图4-57所示。

图4-57 手针固定里布

（13）缝合左右后裙片里布后中心线。距拉链终止点1.5～2cm，距净样线0.3cm，靠缝份侧，机缝左右后裙片里布后中心线，如图4-58所示。

（14）熨烫后裙片里布后中心线。先将后裙片里布后中心线缝份沿净样线向右倒烫，如图4-59所示，然后折烫绱拉链处缝份，右后裙片里布缝份距净样线折烫进去1.2cm，左后裙片里布缝份距净样线折烫进去0.3cm，如图4-60所示。

图4-58 缝合里布后中心线

图4-59 熨烫里布后中心

图4-60 折烫里布后中心绱拉链处

（15）用手针将左右裙片里布固定在拉链上。先用大头针临时固定，如图4-61所示。然后用手针小针迹缭缝固定，如图4-62所示。

图4-61　大头钉固定里布与拉链　　　　　　图4-62　手针固定里布与拉链

（16）整烫定型。拉上拉链，用熨斗从正反两面熨烫平展。熨烫时，可在裙片绱拉链处垫一片烫布，避免烫脏、烫伤。

二、普通绱拉链方法 B

1. 款式图

普通绱拉链方法B如图4-63所示。

图4-63　款式图

2. 款式说明

普通绱拉链方法B的特点是绱拉链处面布缉有明线，绱拉链的长度一般缝到臀围线以下，拉链的位置在后中心线也可在侧缝。普通绱拉链方法B的工艺特点是先将拉链绱在里布上，然后再将拉链缝到面布上固定。

3. 裁剪

（1）裙片面布的裁剪，如图4-64所示。

图4-64　面布的裁剪

（2）裙片里布的裁剪，如图4-65所示。

图4-65　里布的裁剪

4.缝制工艺操作过程

（1）裙片面布锁边，如图4-66所示。

图4-66 锁边

（2）右后裙片面布反面绱拉链处粘衬，有些密实的面料不用粘衬，如图4-67所示。

图4-67 粘衬

（3）将左右后裙片面布正面相对，从下至上用小针距缝合后中心线至拉链终止处，然后回针，接着用大针距临时缝合后中心线，如图4-68所示。

（4）劈烫后中心线，并将左侧缝份折烫出0.3cm，如图4-69所示。

（5）作标记，并清剪。在左右后裙片里布的绱拉链处作标记，并清剪多余的部分，如图4-70所示。

图4-68 缝合后中心线

图4-69 烫后中心线

图4-70 作标记、清剪

（6）手针固定两裙片。缝合左右后裙片里布后中心线时，先在里布后中心的净样线上手针拱缝固定左右裙片，如图4-71所示。

（7）缝合里后中线。手针拱缝固定后，距净样线0.3cm，在后中心线缝份侧机缝，如图4-72所示。

图4-71 手针固定

图4-72 缝合后中心线

（8）打剪口。在后中心线绱拉链处，左右裙片里布一片一片地打剪口，剪口不要剪切得过深或过浅，如图4-73所示。

（9）倒烫后中心线，并折烫后中心线绱拉链处。后中心线缝份向右侧倒烫，后中心线绱拉链处将缝份向反面折烫，如图4-74所示。

（10）将拉链绱在裙片里布上，如图4-75所示。

（11）用手针将拉链与裙片面布左侧缝份固定。

（12）使用缝纫专用压脚——单面压脚，将拉链与裙片面布左侧缝份机缝固定。

（13）拆除手缝线。

（14）用手针将拉链与右裙片面布临时固定，如图4-76所示。

（15）如图4-77所示，按照①、②和箭头所示的方向顺序缉绱拉链明线，明线宽为1～1.2cm。

（16）拆除手缝线及大针距机缝线，如图4-78、图4-79所示。

（17）整烫定型，方法同前，如图4-80所示。

图4-73 打剪口

图4-74 倒烫后中心线、折烫绱拉缝处

图4-75 里布绱拉链

图4-76 手针临时固定

图4-77 缉缝拉链明线

图4-78 拆除手缝线

图4-79 拆除大针距机缝线

图4-80 整烫定型

三、隐形拉链

1. 款式图

隐形拉链如图4-81所示。

2. 款式说明

装隐形拉链是裙子、连衣裙使用的绱拉链方法，其特点是绱拉链处的表面看不见拉链。拉链的长度一般从腰围线到臀围线以下，拉链的位置可在后中心线处也可在侧缝。隐形拉链的缝制工艺可以如绱普通拉链A那样先将拉链绱在面布上，然后再将里布手针缭缝固定在拉链布带上；也可以如绱普通拉链B那样先将拉链绱在里布上固定，然后再将拉链绱在面布上。下面介绍面布绱隐形拉链的缝制工艺方法。

3. 裁剪

（1）裙片面布的裁剪，如图4-82所示。

（2）裙片里布的裁剪，如图4-83所示。

图4-81 款式图

图4-82　面布的裁剪

图4-83　里布的裁剪

4. 缝制工艺操作过程

（1）裙片面布锁边，如图4-84所示。

（2）将左右后裙片面布正面相对，从下至上用小针距缝合后中心线至拉链终止2cm处，然后回针，接着用大针距缝合完后中心线，如图4-85所示。

（3）劈烫后中心线，如图4-86所示。

（4）手针将拉链与缝份临时固定，如图4-87所示。

（5）拆除后中心线大针距机缝线；然后机缝绱拉链，如图4-88、图4-89所示。

（6）拆除拉链上的手缝线，然后在左右后裙片的缝份上固定拉链布带，如图4-90所示。

（7）如果采用手针将左右裙片里布固定在拉链布带上时，请参照普通拉链A的缝制工艺，如图4-91所示。

左后裙片面布
(正面)

右后裙片面布
(正面)

HL

HL

锁边

图4-84　锁边

大针距缝纫

左后裙片面布
(反面)

拉链止点

2

回针

图4-85　缝合后中心线

右后裙片面布
(反面)

左后裙片面布
(反面)

劈烫后中心线

图4-86　劈烫后中心线

图4-87 手针临时固定拉缝

图4-88 机缝绡拉链

图4-89 后整理绡拉链处

图4-90 拆除手缝线

图4-91 拆除手缝线，手针固定拉链布带

（8）如果采用机缝将左右里裙片固定在拉链上时，请参照普通拉链B的缝制工艺，如图4-92所示。

（9）整烫定型，方法同前。

图4-92 拆除手缝线、机缝固定拉链布带

第三节　裙子的缝制工艺

一、款式图

基本型裙子如图4-93所示。

图4-93　款式图

二、款式说明

基本型裙子又叫紧身裙、西服裙、筒裙。其设计特点为：

造型：从腰至臀部余量较少，从臀部向下摆呈垂直状，整体为合体型。

裙腰：在正常腰位。

裙子结构：裙子由一前片和两后片构成；前裙片左右分别收两个腰省缝，后裙片左右分别收两个腰省缝，且前腰省缝比后腰省缝短一些。

其他：门襟开口、裙开衩在后中心线。

三、裁剪

1.裙片面布的裁剪

裙片面布的裁剪如图4-94所示。

2.里布的裁剪

里布的裁剪如图4-95所示。

裙腰宽尺寸为:裙腰宽×2+缝份+布的厚度

图4-94 面布的裁剪

图4-95 里布的裁剪

四、缝制工艺工程分析及工艺流程

缝制工艺工程分析及工艺流程如图4-96、表4-1所示。

图4-96　缝制工艺工程分析及工艺流程

表4-1　工程记号说明

工程	记号	内容
加工工程	○	平缝机加工工程
	◍	特种机加工工程
	◎	熨斗、手工加工工程
	◉	整烫机、黏合机加工工程
检查工程	◇	品质检查工程
停滞工程	▽	裁片、部件停滞工程
	△	完成品停滞工程

五、缝制工艺操作过程

1.锁边

将前、后裙片面布侧缝与下摆锁边，如图4-97所示。

图4-97　锁边

2. 作标记、清剪

作标记、清剪开衩处多余部分（图4-98）。

图4-98　作标记、清剪多余部分

3. 收省缝

缝制前后裙片面布省缝，如图4-99所示。省缝的缝制方法有如下两种：

（1）省缝缝到终止时，在省缝净样线内回针，如图4-100所示。

（2）省缝缝制终止时，将缝纫的上线与下线打结，如图4-101所示。

4. 熨烫省缝

左右后裙片面布省缝向后中心线烫倒；左右前裙片面布省缝向前中心线烫倒。

省缝的熨烫方法根据布料的情况有以下三种：

（1）一般面料熨烫省缝时，将省缝向一侧烫倒，如图4-102所示。

（2）熨烫厚且不易脱纱的面料时，将省缝长度的2/3的中央剪开劈烫，如图4-103所示。

（3）熨烫薄且透的面料时，将省缝的中央用熨斗劈烫，然后用手针拱缝，如图4-104所示。

省缝向后中心线烫倒

左右后裙片面布
(反面)

图4-99 收省缝

机缝线

净样线

在省缝净样线内回针

图4-100 净样线内回针

机缝线

净样线

上线与下线打结

图4-101 上线与下线打结

一般面料烫倒

图4-102 烫倒省缝

剪开劈烫

厚且不易脱纱的面料

图4-103 剪开劈烫省缝

劈烫后手针拱缝

薄且透的面料

图4-104 劈烫拱缝省缝

5.粘衬

开衩处贴边的反面粘衬，如图4-105所示。

6.缝合后中心线

缝合后裙片面布后中心线，如图4-106所示。

7.缝合开衩处下摆角

缝合左右后裙片开衩处下摆角，如图4-107所示。

图4-105　粘衬

图4-106　缝合面布后中心

8.劈烫后中心线与下摆角

劈烫左右后裙片后中心线缝份并熨烫左右开衩处下摆角，如图4-108所示。

图4-107　缝合开衩处下摆角

图4-108　熨烫后中心线与下摆角

9.熨烫后中心绱拉链处

熨烫左右后裙片绱拉链部位，并根据面料情况在右侧裙片缝份的反面粘衬，如图

4-109所示。

图4-109　熨烫后中心绱拉链处

10.缝合侧缝线

缝合面布侧缝线，如图4-110所示。

图4-110　缝合面布侧缝线

11. 劈烫侧缝线，折烫底边

劈烫侧缝线，折烫底边线，如图4-111所示。

12. 手针缭缝底边

先用手针大针距临时固定底边，然后用手针小针距暗缭底边，如图4-112所示。

13. 作标记并清剪

在左右后裙片里布绱拉链处作标记，并且清剪多余的部分，如图4-113所示。

14. 制作里布省缝

收省缝时，先在省缝的净样线上手工绗针缝，然后距净样线0.3cm在省缝处机缝，如图4-114所示。

15. 烫倒里布省缝

左右后裙片里布省缝向后侧缝烫倒；前裙片里布左右省缝向前侧缝烫倒。

图4-111　劈烫侧缝、折烫底边

图4-112　手针缭缝底边

16. 缝合里布后中心线

缝合后裙片里布后中心线时，先在后中心线的净样线上手工绗针缝，然后距净样线0.3cm，在后中心线缝份处机缝，如图4-115所示。

图4-113　作标记并清剪里布

图4-114　制作里布省缝

图4-115　缝合里布后中心线

17. 打剪口

在后裙片里布后中心绱拉链处，一片一片地打剪口；后中心线开衩处，两片一起打剪口。注意剪口不要打得过深或过浅，如图4-116所示。

18. 烫倒后中心线，折烫绱拉链处与开衩处

烫倒后中心线，折烫后中心线绱拉链处及开衩处。后裙片里布后中缝份向右侧烫倒，后中心绱拉链处及开衩处按图将缝份向里布反面折烫，如图4-117所示。

图4-116　打剪口　　　　　　　图4-117　烫倒后中心线、折烫绱拉链处与开衩处

19. 缝合两侧缝

缝合前后裙片里布两侧缝时，先在侧缝的净样线上手针撩缝，然后距净样线0.3cm，在侧缝的缝份处机缝，如图4-118所示。

20. 侧缝锁边

前后裙片里布侧缝两片一起锁边，如图4-119所示。

21. 烫倒两侧缝

将前后裙片里布侧缝缝份向前裙片烫倒，如图4-119所示。

22. 折烫下摆

折烫下摆边，如图4-120所示。

前裙片里布(正面)

左后裙片里布
(反面)

手针撩缝

右后裙片里布
(反面)

距净样线0.3
外侧机缝

图4-118 缝合里布侧缝线

前裙片里布(正面)

两片一起锁边

左后裙片里布
(反面)

右后裙片里布
(反面)

缝份向前裙片烫倒

图4-119 侧缝锁边并烫倒

图4-120 折烫下摆

23. 底边三折缝

底边三折缝，如图4-121所示。

图4-121 底边三折缝

24. 里布绱拉链

将拉链绱在里布上，如图4-122所示。

25. 手针固定拉链

手针将拉链布带临时固定在后裙片面布上，如图4-123所示。

26. 绱拉链

将拉链机缝绱在后裙片面布上，绱完拉链后，拆除手针缝线，如图4-124、图4-125所示。

图4-122 里布绱拉链

图4-123 手针临时固定拉链

图4-124 绱拉链

图4-125 拆除手针缝线

27.手针固定裙片面布、里布

用手针将裙片面布、里布在腰围线处用拱针缝固定，然后将裙片面布、里布两侧缝缝份绗针缝固定，如图4-126所示。

28.缝合下摆开衩处

用明机缝、暗机缝或手针缭缝缝合裙片面布、里布和后中心线下摆开衩处，如图4-127所示。

29.绷三角针缝、做线襻

开衩处裙片面布、里布的下摆处绷三角针缝固定，裙片面布、里布两侧缝下摆处做线襻固定，注意线襻不要过长，如图4-128所示。

30.裙腰头粘衬

裙腰头粘衬，如图4-129所示。

31.绱裙腰头

（1）手针拱缝裙片裙腰头，用大头针将裙片和裙腰头的对位记号对好，使裙片裙腰与裙腰头的腰围尺寸相合，并将腰围吃量固定在合

图4-126　手针固定面布、里布

图4-127　缝合下摆开衩处

图4-128　绷三角针缝、做线襻固定面布、里布

厚面料时,使用布边或锁边、包边

裙腰头宽+1.2

图4-129　裙腰头粘衬

适的部位。

（2）紧贴裙腰头衬机缝绱裙腰头，如图4-130所示。

图4-130　绱裙腰头

（3）紧贴裙腰头衬机缝裙腰头两端，如图4-131所示。

32. 熨烫裙腰头，固定裙腰头里

（1）手针缭缝固定裙腰头里。注意一般面料或薄面料时，将裙腰头里折边，手针缭缝固定，如图4-132所示。

（2）落针缝固定裙腰头里。厚面料时，将裙腰头里锁边或用斜纱条里布包边，也可在裁剪时裙腰头里布边直接采用面布的布边，然后从裙腰头正面用落针缝，机缝固定，如图4-133所示。

图4-131　缝裙腰头两端

图4-132　手针缭缝固定裙腰头里

33.钉挂钩

（1）在后裙腰头右侧钉钩，钩距离腰头边缘0.5cm，如图4-134所示。

（2）在后裙腰头左侧钉环，环距离后中线线0.5cm，如图4-135所示。

图4-133 落针缝固定裙腰头里

图4-134 右侧钉钩

图4-135 左侧头钉环

34. 整烫定型

（1）熨烫裙片面布、里布腰省缝，使裙片面布、里布腰省缝定型、平服。

（2）熨烫绱拉链处及裙腰头。拉上拉链，用熨斗从正反两面熨烫平展。

（3）熨烫开衩处及裙下摆。对齐开衩合口位置，用熨斗从正反两面熨烫平展。

（4）熨烫裙片面布、里布侧缝。熨烫时，可用熨烫馒头垫着熨烫正反两面，使裙片面布、里布侧缝平展、服帖。

注意：熨烫时，可用在一片烫布垫着熨烫，避免烫脏、烫伤。

六、质量检验方法

1.主要部位尺寸规格
（1）裙长要符合尺寸规格要求。
（2）腰围、臀围要符合尺寸规格要求。

2.缝制工艺
（1）基本型裙子缝制工序正确、完整。
（2）锁边及缝份：锁边整齐无线毛，缝份宽窄一致。
（3）裙面与裙里：裙面与裙里服帖平顺，松量适度。
（4）省缝：省缝顺直、收省平服、左右对称。
（5）腰头：宽窄一致，绱腰头不起皱、平整。
（6）绱拉链：绱拉链部位拉链无外露现象，表面无拉伸起褶皱；机缝明线要宽窄一致，封口处要平服。
（7）做后开衩：开衩处平服，无拉伸起褶皱现象。
（8）下摆：裙片面布、里布下摆整齐平服、长度规范。
（9）手工：钉裙钩结实符合规范要求、手针美观整齐。

3.其他
（1）外观造型：外形美观大方、各部位造型准确；成品整洁、表面平服；工艺处理得当、能给人舒适感。
（2）线迹：线迹顺直、针距适当、无跳线现象。
（3）烫熨：分缝要烫平，整烫无烫迹、无亮光、无焦黄现象。

第五章　男裤缝制工艺

第一节　男裤的局部缝制工艺

一、斜插袋

1. 款式图

男裤斜插袋款式如图5-1所示。

正面　　　　　　　　　　　　　反面

图5-1　款式图

2. 款式说明

斜插袋是裤子常用的口袋。一般袋口大15～16cm，斜插袋在腰线上距侧缝3.5～4.5cm，斜插袋袋口上端距腰2.5～4.5cm，下口在袋口斜线与侧缝的交点上。

3. 裁剪

制作裤子斜插袋时，需要裁剪的裁片有：前裤片、后裤片、斜插袋挡口布、斜插袋袋口牵条、斜插袋袋布。

（1）面布的裁剪，如图5-2所示。

图5-2　面布的裁剪

（2）袋布的裁剪，如图5-3所示。

图5-3　袋布的裁剪

（3）衬布的裁剪，如图5-4所示。

4.缝制工艺工程分析及工艺流程

缝制工艺工程分析及工艺流程如图5-5所示。

图5-4　衬布的裁剪

图5-5　缝制工艺工程分析及工艺流程

5.缝制工艺操作过程

（1）前裤片侧缝锁边，在前裤片袋位的反面黏袋口牵条，并折烫斜插袋袋口，如图5-6所示。

图5-6　折烫斜插袋袋口

（2）挡口布锁边。绱挡口布，把挡口布放在袋布边缘向里缩进0.5cm的位置与袋布固定；然后勾缝袋布，如图5-7所示。

图5-7　勾缝袋布

（3）翻烫袋布。袋布翻出正面，上下两层对齐熨烫，如图5-8所示。

翻烫袋布

图5-8　翻烫袋布

（4）缭袋布。袋布斜插袋袋口与前裤片斜插袋的位置对齐，把袋口折边平放在袋布上，并与袋布固定，如图5-9所示。

袋布放在袋口
净样线上

挡口布

袋布

前裤片
（反面）

（a）

挡口布

袋布

前裤片
（反面）

（b）

图5-9

固定袋布

0.5

挡口布

袋口处缝份打剪口

前裤片
(正面)

袋布

（c）

图5-9　缭袋布

（5）缉袋口明线。明线宽0.7cm，在袋口上端距边0.1cm的位置缉线与挡口布、袋布固定；袋口下端与挡口布固定，不固定袋布，如图5-10所示。

3.5

袋口压明线

0.7

前裤片
(正面)

袋口与袋布固定

前裤片
(正面)

图5-10　缉袋口明线

（6）后裤片侧缝锁边，缝合前后裤片侧缝线，缝线距边缘1cm，如图5-11所示。

（7）劈烫侧缝，并扣烫袋布，袋口处扣烫0.5cm，如图5-12所示。

图5-11　缝合侧缝线　　　　　　　　图5-12　劈烫侧缝

（8）袋布与后裤片的缝份固定，压缝0.2cm明线，在袋布的底部压缝0.2cm明线，如图5-13所示。

图5-13　袋布与后裤片的缝份固定

（9）袋口下端封结，如图5-14所示。

图5-14　袋口封结

（10）整烫定型。整烫时在裤片正面垫上垫布熨烫，如图5-15所示。

图5-15　整烫定型

6.质量检验方法

（1）前裤片、后裤片、挡口布、斜插袋的倾斜度、袋布等各部位尺寸规格符合局部制作要求，各裁片纱向正确。

（2）缝制工艺。

①斜插袋缝制工序正确、完整，袋口大小符合制作要求。

②袋口平整、无毛露，明线宽窄一致。

③挡口布、袋布平整，缉线顺直，缝结牢固。

（3）其他。

①外观：斜插袋袋口平服、外形美观。

②线迹：各部位线迹顺直、针距适当、无跳线现象。

③整烫：整烫平整、无烫黄、烫焦现象、无水花。

二、单嵌线后袋

1. 款式图

男裤单嵌线后袋款式如图5-16所示。

（a）正面　　　　　　　　　　　　　　　（b）反面

图5-16　款式图

2. 款式说明

单嵌线后袋为男西裤后口袋的基本型。一般袋口与后腰口平行，单嵌线后袋上口距裤腰7~9cm，袋口大14~15cm，嵌线宽0.8~1cm。袋布的外边缘使用45°的正斜纱条包边。

3. 裁剪

制作单嵌线后袋时，需要裁剪的裁片有：后裤片、后袋袋嵌条、挡口布、后袋袋布、后袋袋口垫衬、后袋袋嵌条衬。

（1）面布的裁剪，如图5-17所示。

图5-17　面布的裁剪

（2）袋布的裁剪，如图5-18所示。

图5-18　袋布的裁剪

（3）衬布及辅料的裁剪，如图5-19所示。

4.缝制工艺工程分析及工艺流程

缝制工艺工程分析及工艺流程如图5-20所示。

图5-19　衬布及辅料的裁剪

图5-20　缝制工艺工程分析及工艺流程

5.缝制工艺操作过程

（1）在后裤片袋位的反面粘垫衬，并在后裤片画袋口位，如图5-21所示。

图5-21　后袋粘袋口垫衬

（2）后袋嵌条粘衬，并折烫后袋嵌条；然后画袋嵌条净样印宽1cm，如图5-22所示。

图5-22　熨烫后袋嵌条

（3）缲挡口布。挡口布锁边，然后把挡口布放在距袋布A上口8cm的位置，与袋布A固定，如图5-23所示。

（4）把袋布B放在后裤片的反面，上口与后裤片上口对齐，袋嵌条净样印与袋位对齐缲袋嵌条；把袋嵌条翻转，缲挡口布，如图5-24所示。

图5-23　绱挡口布

图5-24　绱袋嵌条

（5）绱袋嵌条线与绱挡口布线之间的间距为1cm，在两线间距的中间位置开剪口，距袋口两端0.5cm时，开三角剪口，如图5-25所示。

（6）熨烫袋口与袋嵌线，袋嵌线宽1cm，如图5-26所示。

（7）固定袋口两端。把后裤片和袋布折起，在三角的根部缉线固定，如图5-27所示。

（8）把袋嵌线与袋布B固定，并把袋布A与袋布B对齐放好，如图5-28所示。

图5-25　袋口开剪口

图5-26　熨烫袋口与袋嵌线

图5-27　固定袋口两端

图5-28　固定袋嵌线

（9）距袋布边缘1cm勾缝袋布A与袋布B，如图5-29所示。

（10）清剪袋布缝份，留0.5cm，如图5-30所示。

图5-29　勾缝袋布

图5-30　清剪袋布缝份

（11）袋布边缘用袋布包条包边，宽度0.7cm，缉0.1cm明线，并熨烫袋布，如图5-31所示。

图5-31　袋布包边

图5-32 袋口封结

（12）压缝后袋上口，袋口两端封结，如图5-32所示。

（13）整烫定型。整烫时在裤片正面垫上垫布熨烫，并熨烫袋布，如图5-33所示。

6.质量检验方法

（1）后裤片、挡口布、后袋袋嵌条、袋布、袋布包条等各部位尺寸规格符合局部制作要求，各裁片纱向正确。

（2）缝制工艺。

①单嵌线后袋缝制工序正确、完整，袋口大小符合制作要求。

②袋口平整，袋角方正，无毛露，袋嵌条左右宽窄一致，袋口缝结牢固。

③挡口布、袋布平整。

④袋布包条宽窄一致，缉线顺直。

（3）其他。

①外观：单嵌线后袋袋口平服、外形美观。

②线迹：各部位线迹顺直，针距适当，无跳线现象。

③整烫：整烫平整、无烫黄、烫焦现象、无水花。

图5-33 整烫定型

三、双嵌线后袋

1.款式图

男裤双嵌线款式图，如图5-34所示。

正面   反面

图5-34　款式图

2. 款式说明

双嵌线后袋为男西裤后口袋的常用型。一般袋口与后腰口平行，双嵌线后袋上口距腰缝线7～9cm，袋口大14～15cm，上下袋嵌线条宽各为0.5cm。

3. 裁剪

制作双袋嵌线后袋时，需要裁剪的裁片有：后裤片、后袋上下袋嵌条、挡口布、后袋袋布、后袋袋口垫衬、后袋上下袋嵌条衬。

（1）面布的裁剪，如图5-35所示。

（2）袋布的裁剪，如图5-36所示。

（3）衬布的裁剪，如图5-37所示。

图5-35　面布的裁剪　　　　　　　　　　　　图5-36　袋布的裁剪

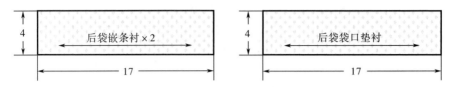

图5-37　衬布的裁剪

4. 缝制工艺工程分析及工艺流程

缝制工艺工程分析及工艺流程如图5-38所示。

图5-38　缝制工艺工程分析及工艺流程

5.缝制工艺操作过程

（1）在后裤片袋位的反面粘垫衬，并在后裤片画袋口位，如图5-39所示。

后裤片
（后面）

画袋位

后裤片
（正面）

图5-39　袋位反面粘垫衬

（2）后袋上下袋嵌条粘衬，并对折扣烫，然后画袋嵌条净样印宽0.5cm，如图5-40所示。

后袋嵌条粘衬

下袋嵌条折烫1.5cm

后袋上袋嵌条

画0.5cm袋嵌线净印

画0.5cm袋嵌线净印

后袋下袋嵌条

图5-40　扣烫袋嵌条

（3）缉上下袋嵌条，袋嵌条宽0.5cm，两嵌条缝线之间距离1cm，并且平行，如图5-41所示。

（4）在两嵌条间距的中间位置开剪口，距袋口两端0.5 cm时，开三角剪口，如图5-42所示。

图5-41　绱袋嵌条

图5-42　袋口开剪口

（5）上下袋嵌条对齐熨烫，上下袋嵌条宽各为0.5cm，如图5-43所示。

图5-43 熨烫袋嵌条

（6）固定袋口两端。把后裤片和袋布折起，在三角的根部缉线固定，如图5-44所示。

（7）下袋嵌条与袋布固定，缉0.1cm明线；挡口布锁边，然后把挡口布放在距袋布上口8cm的位置，与袋布固定，如图5-45所示。

（8）折叠后裤片，把袋布对折后勾缝袋布，上口距边2cm，其余部分距边1cm，如图5-46所示。

（9）清剪袋布缝头，留0.3cm；翻烫袋布，上下两层对齐，如图5-47所示。

（10）袋布边缘缉缝0.5cm；压缝后袋上口，袋口两端封结，如图5-48所示。

（11）整烫定型。整烫时在裤片正面垫上垫布熨烫，并熨烫袋布，如图5-49所示。

6. 质量检验方法

（1）后裤片、挡口布、后袋袋嵌线、袋布等各部位尺寸规格符合制作要求，各裁片纱向正确。

（2）缝制工艺。

图5-44 固定袋口两端

后裤片
(正面)

后袋挡口布
(正面)

锁边

下袋嵌线

0.1

后袋挡口布
(正面)

8

袋布

图5-45　下袋嵌条与袋布固定

图5-46　勾缝袋布

图5-47 翻烫袋布

图5-48 袋布缉明线

图5-49 整烫定型

①双袋嵌线后袋缝制工序正确、完整，袋口大小符合制作要求。

②袋口平整，袋角方正，无毛露，上下袋嵌线宽窄一致，袋口封结牢固。

③挡口布、袋布平整，袋布缉线顺直。

（3）其他。

①外观：双袋嵌线后袋袋口平服、外形美观。

②线迹：各部位线迹顺直、针距适当、无跳线现象。

③整烫：整烫平整、无烫黄、烫焦现象、无水花。

四、男裤门襟

1. 款式图

男裤门襟款式如图5-50所示。

正面   反面

图5-50 款式图

2. 款式说明

男裤门襟主要用于各种男式裤子的前开口。男裤门襟由拉锁、门襟贴边、里襟面、里襟里组成，门襟明线宽3.5cm，并缝有裤腰头。

3. 裁剪

制作男裤门襟时，需要裁剪的裁片有：左前裤片、右前裤片、门襟、里襟面、里襟里、门襟衬、里襟衬、腰头面、腰头里、腰头面衬、腰头里衬等；辅料有拉锁。

（1）面布的裁剪，如图5-51所示。

（2）里布的裁剪，如图5-52所示。

（3）衬布的裁剪，如图5-53所示。

图5-51 面布的裁剪

图5-52 里布的裁剪

图5-53 衬布的裁剪

4. 缝制工艺工程分析及工艺流程

缝制工艺工程分析及工艺流程如图5-54所示。

图5-54 缝制工艺工程分析及工艺流程

5.缝制工艺操作过程

（1）门襟粘衬、里襟粘衬、左右腰头面粘衬、左右腰头里粘衬，如图5-55所示。

图5-55 粘衬

（2）左右前裤片、门襟锁边，如图5-56所示。

图5-56 锁边

（3）把门襟与左前裤片正面相对放好，距前门襟边缘0.8cm缉缝至开口止点，如图5-57所示。

（4）熨烫左前门襟止口，左前裤片吐0.2cm，如图5-58所示。

（5）里襟面、里襟里正面相对，距边缘0.8cm缉缝，如图5-59所示。

图5-57 绱门襟   图5-58 熨烫门襟

（6）先扣烫里襟里，在裆弯处打剪口，然后翻烫里襟，里襟面吐0.2cm，如图5-60

图5-59 勾缝里襟   图5-60 熨烫里襟

所示。

（7）把拉锁正面向下与右前裤片前裆线对齐，距边缘0.5cm固定拉锁，把里襟面与右前裤片前裆线对齐，距边缘0.8cm绱里襟，缝至开口止点，然后把缝份倒向裤片熨烫，如图5-61所示。

（8）将腰头里、腰头面正面相对，距边缘0.7cm缉缝，如图5-62所示。

（9）腰头里折烫2 cm，再翻烫腰头，腰头面吐0.2cm，如图5-63所示。

（10）距边缘1cm缉缝，然后勾缝前门腰头，距边缘1cm，如图5-64所示。

图5-61 绱拉链与里襟

图5-62 缝合腰头里、腰头面

图5-63 熨烫腰头

图5-64 绱右腰头

（11）熨烫右腰头。把腰头面翻到正面熨烫，并把里襟里固定在右前裤片上，如图5-65所示。

图5-65 熨烫右腰头

（12）绱左腰头。距边缘1cm缉缝，然后勾缝前门腰头，距边缘1cm，如图5-66所示。

（13）熨烫左腰头。把腰头面翻到正面熨烫，如图5-67所示。

（14）缝合前裆缝。双线缝合前裆缝，缝线距边缘1cm，在开口止点处打回针，如图5-68所示。

图5-66 绱左腰头

图5-67 熨烫左腰头 　　　　　图5-68 缝合前裆缝

（15）劈烫前裆缝，如图5-69所示。

（16）绱左侧拉锁。在右前裤片里襟拉锁处缉明线0.1cm；然后使左前门与右前门重叠0.2cm用手针固定；把拉锁的另一半固定在门襟上；左右腰头两侧用手针缭缝，在前裆弯处缭缝里襟里，如图5-70所示。

（17）门襟缉明线和封结。缉缝门襟明线，宽3~3.5cm，在开口止点处明线宽1 cm，并在开口止点处襟与门襟重叠放好，透过里襟打结，如图5-71所示。

（18）固定腰头里，如图5-72所示。

右前裤片
（反面）

左前裤片
（反面）

劈烫裆缝

图5-69 劈烫前裆缝

（19）锁眼、钉扣。在左腰头锁眼，在右腰头钉扣，如图5-73所示。

（20）整烫定型。整烫时在正面垫上垫布熨烫。

6.质量检验方法

（1）左前裤片、右前裤片、门襟、里襟面、里襟里、腰头面、腰头里等各部位尺寸规格符合制作要求，各裁片纱向正确。

（2）缝制工艺。

①门襟缝制工序正确、完整，门襟长度符合制作要求。

②门襟、里襟平整，左右长短一致。

③拉锁平整，门襟明线缉线顺直、宽窄一致、封结牢固。

④左右腰的腰头面、腰头里平整。

（3）其他。

①外观：门襟平服、外形美观。

②线迹：各部位线迹顺直、针距适当、无跳线现象。

③整烫：整烫平整、无烫黄、烫焦现象、无水花。

压0.1明线

重叠0.2手针固定

左前裤片
（正面）

开口止

缭缝

缭缝

前襟贴边

拉锁固定在门襟上

右前裤片
（反面）

缭缝

左前裤片
（反面）

图5-70 缭左侧拉链

图5-71 门襟缉明线和封结

图5-72 固定腰头里

图5-73 锁眼、钉扣

第二节 男西裤的缝制工艺

一、款式图

男西裤款式如图5-74所示。

图5-74　款式图

二、款式说明

男西裤属于男式裤子的基本型，是男士传统常用的裤子。男西裤其外型长度至脚面、腰部合体、臀围余量合适、裤口大小适中；其内部结构可根据流行、个人体型、爱好等进行设计，一般设计为前裤片左右各打一至两个褶裥、前开门装拉链、两侧斜插袋、后裤片左右各收一至两个省、单嵌线或双嵌线后袋、装腰头、缉串带襻。男西裤一直以来不受流行因素的影响，长期拥有一定的市场。

面料：一般采用棉、麻、毛织物以及其他化纤混纺材料。总之，面料可以根据流行趋势及个人的爱好自由选择。

三、裁剪

制作男西裤需要裁剪的裁片有：前裤片、后裤片、腰头、斜插袋挡口布、后袋嵌线、后袋挡口布、门襟贴边、里襟面、裤襻；里襟里、腰头里；腰头衬、门襟贴边衬、里襟衬、后袋嵌线衬、后袋袋口垫衬、斜插袋袋口垫衬；斜插袋袋布、后戗袋袋布。

1.面布的裁剪

前裤片两片、后裤片两片、腰头两片、斜插袋挡口布两片、后袋袋嵌线两片、后袋挡口布两片、门襟一片、里襟面一片，如图5-75所示。

图5-75 面布的裁剪

2.里布、袋布的裁剪

腰头里两片、里襟里一片、斜插袋袋布两片、后袋袋布两片，如图5-76所示。

图5-76 里布、袋布的裁剪

3.衬布的裁剪

腰头面衬两片、腰头里衬两片、斜插袋袋口垫衬两片、门襟衬一片、里襟衬一片、后袋嵌线衬两片、后袋袋口垫衬两片，如图5-77所示。

图5-77 衬布的裁剪

四、缝制工艺工程分析及工艺流程

缝制工艺工程分析及工艺流程如图5-78所示。

图5-78 缝制工艺工程分析及工艺流程

五、缝制工艺操作过程

1. 粘衬

后袋嵌线粘衬，门襟贴边、里襟面粘衬，腰头面、里粘衬，如图5-79所示。

图5-79　粘衬

2. 锁边、作标记

前裤片、后裤片、斜插袋挡口布、后袋挡口布、后袋嵌线布锁边；在前后裤片上画出袋位和省位、褶裥位，如图5-80所示。

图5-80　锁边

3.后裤片收省

后裤片收省,如图5-81所示。

4.倒烫省缝

后裤片省缝向后裆缝倒烫,如图5-82所示。

图5-81　后裤片收省　　　　　　　　　　图5-82　倒烫省缝

5.后袋口位粘衬

在后袋口位粘袋口垫衬,如图5-83所示。

6.做后袋

做后袋详见第五章第一节裤子的局部缝制工艺——双嵌线后袋,此处略。把后袋的袋布上口与后裤片的腰口平服放好,袋布固定在后裤片腰口缝份上。然后把后袋布与腰口剪齐,如图5-84所示。

图5-83　后袋口位粘袋口垫衬　　　　　　图5-84　做后袋

7.后袋口锁扣眼

后袋口锁1.5cm的扣眼，钉直径为1.3cm的扣子，如图5-85所示。

8.做斜插袋

做斜插袋详见第五章第一节男裤局部缝制工艺中的斜插袋制作，此处略。斜插袋的明线宽0.7cm，袋口上端透过袋布固定压0.1cm明线，并在袋口上口处封结，如图5-86所示。

图5-85　后袋口锁扣眼　　　　　图5-86　做斜插袋

9.合侧缝

把前、后裤片按对位点把前后侧缝比齐，从腰口缝合至脚口。此时要把斜插袋内侧的袋布让开，如图5-87所示。

10.劈烫侧缝

首先把斜插袋袋布与裤片侧缝固定处折烫0.5cm，然后与后裤片的缝头平放对齐，同时劈烫侧缝，如图5-88所示。

11.袋布与侧缝固定

把斜插袋袋布折烫的0.5cm的侧缝边与后裤片的缝头机缝固定；在袋布底部距边缘0.2cm缉缝明线；然后从裤片正面在袋口下口处打2~3次回针封结，如图5-89所示。

12.做门襟、缝拉链

（1）缉门襟。门襟正面与裤片前门处正面相对，距边0.8cm缉缝，缝至开口止点处，如图5-90所示。

（2）翻烫门襟。前门处裤片吐0.2cm止口，如图5-91所示。

（3）做里襟，如图5-92所示。

①距边0.8cm勾缝里襟。

挡口布
(反面)

后裤片
(正面)

袋布

1

比齐对位点

前裤片(反面)

图5-87　合侧缝

折烫
0.5

后裤片
(反面)

劈缝

前裤片
(反面)

图5-88　熨烫侧缝

0.2

从正面
打回针

0.2

后裤片
(反面)

前裤片
(反面)

图5-89　袋布与侧缝固定

图5-90 绱门襟

图5-91 翻烫门襟

（a）　　　　　　　　（b）　　　　　　　　（c）

图5-92 做里襟

②按照里襟里的净样线扣烫里襟里，裆弯处打剪口，否则里襟里不好熨烫平整。

③翻烫里襟，里襟面吐0.2cm止口。

（4）绱里襟。

①把拉链正面向下与右裤片前裆线对齐，拉链下端的拉头要从开口止点处向上0.5cm，用粗缝距边0.5cm将拉链与裤前端固定，如图5-93所示。

②把里襟面与右裤片前裆线对齐，距边0.8cm绱里襟，缝至开口止点，如图5-94所示。

③把里襟翻到正面，缝份倒向裤片，用熨斗整理，如图5-95所示。

13. 制作裤襻

把制作裤襻的布双折后机缝宽为1cm、长为10cm的裤襻，劈缝后翻向正面，把缝线放

拉链(反面)

0.5

0.5

开口止点

右后裤片
(正面)

右前裤片
(正面)

图5-93　绱拉链

拉链

0.8

里襟面(反面)

开口止点

右后裤片
(正面)

右前裤片
(正面)

图5-94　绱里襟

拉链(正面)

里襟面(正面)

右后裤片
(正面)

右前裤片
(正面)

图5-95　熨烫整理里襟

在里侧的中心，两侧缉明线，如图5-96所示。为了提高工作效率，裁剪串带襻最好把7根的长度连在一起，一起缝制完成，然后一根根剪开。

图5-96　制作裤襻

14. 做裤腰头

（1）裤腰头面布、腰头里布正面相对后机缝，缝线距边缘0.7cm，如图5-97所示。

图5-97　缝合腰头面布、里布

（2）腰头里折烫2cm，再翻烫腰头，腰头面吐0.2cm，如图5-98所示。

15. 绱腰头、绱裤襻

（1）把左右前裤腰口的褶量捏好固定在前袋布上，然后绱左腰头，腰头与裤腰口对齐，距边缘1cm缉缝；绱腰头遇到裤襻位置时把裤襻夹在裤片与腰头中间一起缝制。绱裤襻位置：前片裤中缝位置左右各一个，后裆缝两侧左右各一个，前片裤中缝到后裆缝之间的中点上左右各一个，如图5-99所示。

（2）把腰头面倒向上方，腰头面的上端缝头为1cm；腰头面的前端双折留出5cm的搭合量，在腰头面的下端用1cm的缝头机缝到前中心，如图5-100所示。

图5-98　翻烫裤腰头

图5-99　绱腰面

图5-100　左前门处腰面勾缝

（3）右腰头与裤腰口对齐，距边缘1cm缉缝。绱右腰头时要把里襟的里和面都拉开，里襟以外留1cm的腰头面长度即可。绱右腰头遇到裤襻位置时，把裤襻夹在裤片与腰头中间一起缝，如图5-101所示。

图5-101　绱右腰头面

（4）把右腰头面倒向上方，把腰头前端双折留出里襟量，在上端用1cm的缝头机缝，翻到表面整烫，如图5-102所示。

（5）使用四件插式裤钩，在左前腰头的里面钉裤钩，右前腰头面布钉环，如图5-103所示。

（6）里襟里面用手针固定，如图5-104所示。

图5-102 勾缝、整烫右腰头面

图5-103 钉裤钩

16. 缝合左、右下裆线

以缝合右下裆线为例，左下裆线与右下裆线缝制方法相同，如图5-105所示。

17. 劈烫左、右下裆线

以劈烫右下裆线为例，左下裆线与右下裆线熨烫方法相同，如图5-106所示。

18. 熨烫左、右裤中线

以熨烫右裤中线为例，下裆线与侧缝线对齐放好，垫上烫布熨烫前后裤中线，在后裤片中裆部位略归拢，并把后裤片臀围处推出熨烫。左裤中线熨烫方法与右裤中线相同，如图5-107所示。

图5-104 手针固定里襟

腰头面(正面)

腰头里
(正面)

右前裤片
（正面）

里襟(正面)

右后裤片
(反面)

10

双线缝

缝合1

图5-105　缝合下裆线

右后裤片
(反面)

右前裤片
(反面)

劈烫

图5-106　劈烫下裆线

图5-107 熨烫裤中线

19. 缝合前后裆缝

左右裆线对齐，在不拉长后裆线的情况下缝合。从后腰到前门开口终止处缝合两次，且双线重合，如图5-108所示。

图5-108 缝合前后裆缝

20. 劈烫前后裆缝

劈烫裆缝，然后把从下裆到开口终止处的缝头用三角针固定在裆底缝份上，如图5-109所示。

21. 左前裤片前门缝拉链

（1）右前裤片前门处缉缝0.1cm明线，把左前裤片前门处与右前裤片前门处重叠0.2cm，从前门开口终止点到腰口线之间用手针固定，如图5-110所示。

图5-109　劈烫前后裆缝　　　　　　　　图5-110　左前裤片前门缝拉链

（2）左前裤片前门处用手针固定后，从里侧把拉链缝在门襟上。拉链的上端夹在腰头与门襟之间，用机缝或手针缭缝，然后把左右腰头里的前端与腰头面缭缝，如图5-111所示。

图5-111　左右腰头机缝或手针缭缝

22. 前门襟缉明线

（1）此时要把里襟让开，在左前裤片正面缉裤门襟明线，要尽可能使线迹漂亮。在左腰头锁2cm圆眼，右腰头钉1.5cm裤扣，如图5-112所示。

图5-112　前门襟缉明线

（2）在开口终止的位置透过里襟，用打结机打结，如图5-113所示。

23. 固定裤襻

（1）确定裤襻的长度，把下面的袋布放平，透过袋布把裤襻固定在前裤片上，打两三次回针，如图5-114所示。

图5-113　前门襟打结　　　　　　　　　图5-114　固定裤襻下端

（2）裤襻倒向上面后折0.7～1cm，从正面用打结机固定裤襻上端，或从里面打两三次回针固定。注意裤襻要留有一定的松量，如图5-115所示。

图5-115　打结机固定裤襻上端

24. 裤口折边

折烫裤口折边，用三角针扦缝裤口折边。

25. 整烫定型

将男裤用熨头整烫定型。

六、质量检验方法

1. 主要部位尺寸规格

腰围、臀围、上裆、裤长、裤脚口宽等部位符合尺寸规格要求。

（1）腰围符合成衣制作要求，误差允许在±1cm。

（2）臀围符合成衣制作要求，误差允许在±1.5cm。

（3）上裆符合成衣制作要求，误差允许在±0.5cm。

（4）裤长符合成衣制作要求，误差允许在±1.0cm。

（5）裤脚口宽符合成衣制作要求，误差允许在±0.5cm。

2. 制作工艺

（1）男西裤缝制工序正确、完整。

（2）前裤片。

①前裤片纱向正确，纱向倾斜不大于1.0cm，条格料不允许倾斜。

②左右斜插袋袋口平服、对称，缝线顺直，左右斜插袋袋口明线宽窄一致，袋口缝

结牢固、工艺正确。

③前裤片腰口褶裥位置准确，左右对称。

（3）后裤片。

①后裤片纱向正确，纱向倾斜不大于1.5cm，条格料倾斜不大于1.0cm。

②左右后袋袋口平服、对称，缝线顺直，左右后袋上下袋嵌线宽窄一致，袋角方正，袋口缝结牢固，无毛露，工艺正确。

③后裤片腰省的位置准确，左右对称。

（4）门襟、拉链：门襟、里襟平服，松紧适宜，缉线顺直，门襟、里襟长短互差不大于0.3cm，门襟不短于里襟。拉链平服完好，拉链不外露，前门开口终止点封结牢固、平服。

（5）裤腰、裤襻、裤钩、裤扣。

①裤腰纱向正确，且纱向不允许倾斜。

②腰面、腰里平服，松紧适宜，止口顺直、不倒吐，腰面、腰里宽窄一致。

③裤襻宽窄长短一致、松紧适宜、位置准确牢固；裤襻高、低、进、出等左右都对称。

④裤钩四件扣：左钩、右环吻合相符、牢固、不生锈。裤扣与眼位位置准确。

3. 其他

（1）外观造型：外形美观大方、各部位造型准确。

（2）外观工艺。

①侧缝：平服、顺直不皱缩。

②下裆缝：缉线顺直，无吊紧褶皱；缝份宽窄一致、顺直。

③裆缝：松紧一致、平服顺直、双缝线牢固结实、十字缝须对准。

④两侧裤筒：两侧裤筒宽窄一致，长短一致，裤脚口大小、折边一致。

（3）外观效果：无油渍、污渍、水迹、粉印、极光、线头、无烫脏、无烫黄、无烫焦现象。

（4）线迹。

①锁边整齐无脱针漏针。

②缝线线迹顺直、针距适当、无跳线现象。

参考文献

[1] 日本东京文化服装学院. 文化服饰大全服饰造型讲座①服饰造型基础[M]. 张祖芳，王明珠，张志英，等，译. 上海：东华大学出版社，2005.

[2] 日本东京文化服装学院. 文化服饰大全服饰造型讲座②裙子·裤子[M]. 张祖芳，纪万秋，朱瑾，等，译. 上海：东华大学出版社，2006.

[3] 日本东京文化服装学院.文化服饰大全服饰造型讲座③女衬衫·连衣裙[M]. 张祖芳，周洋溢，束重华，等，译. 上海：东华大学出版社，2004.

[4] 日本东京文化服装学院. 文化服饰大全服饰造型讲座④套装·背心[M]. 张祖芳，潘菊琴，王明珠，等，译. 上海：东华大学出版社，2005.

[5] 日本东京文化服装学院. 文化服装讲座新版①原理篇[M]. 范树林，文家琴，译. 北京：中国轻工业出版社出版，1998.

[6] 日本东京文化服装学院. 文化服装讲座新版②基础篇[M]. 范树林，译. 北京：中国轻工业出版社出版，1998.

[7] 日本东京文化服装学院. 文化服装讲座新版③：西服篇[M]. 范树林，郝瑞闽，文家琴，译.北京：中国轻工业出版社出版，1998.

[8] HIROKO Y. RIBI. PROFESSIONAL SEWING TECHNIQUES—1[M]. 日本东京：バンタンデザイン研究所，1988.